Arbeitsbuch der Angewandten Statistik

Philipp Otto · Anna-Liesa Lange

Arbeitsbuch der Angewandten Statistik

Mit Aufgaben zur Software R und
detaillierten Lösungen

 Springer Gabler

Philipp Otto
Anna-Liesa Lange
Europa-Universität Viadrina
Frankfurt (Oder), Deutschland

ISBN 978-3-662-49211-6   ISBN 978-3-662-49212-3 (eBook)
DOI 10.1007/978-3-662-49212-3

Die Deutsche Nationalbibliothek verzeichnet diese Publikation in der Deutschen Nationalbibliografie;
detaillierte bibliografische Daten sind im Internet über http://dnb.d-nb.de abrufbar.

Springer Gabler
© Springer-Verlag GmbH Deutschland 2017

Gedruckt auf säurefreiem und chlorfrei gebleichtem Papier.

Springer Gabler ist Teil von Springer Nature
Die eingetragene Gesellschaft ist Springer-Verlag GmbH Germany
Die Anschrift der Gesellschaft ist: Heidelberger Platz 3, 14197 Berlin, Germany

Vorwort und Benutzungshinweise

Liebe Leserin, lieber Leser,

das Vorwort zu diesem Arbeitsbuch der Statistik möchten wir nutzen, um Ihnen einen kleinen Leitfaden zur Lösung der Aufgaben zu geben. Die Themengebiete, die durch die Aufgaben abgedeckt werden, erstrecken sich von der deskriptiven Statistik mit der Berechnung verschiedener Lage-, Streuungs- und Zusammenhangsmaße über die Wahrscheinlichkeitstheorie mit Aufgaben zu stetigen und diskreten Verteilungen sowie bedingten Wahrscheinlichkeiten (Satz von Bayes) bis hin zur schließenden Statistik, der induktiven Statistik, mit Ein-/Zweistichprobentests und Aufgaben zur Parameterschätzung (Kleinste-Quadrate-Schätzer, Maximum-Likelihood-Schätzer) sowie Regressionsanalysen. Damit umfasst dieses Arbeitsbuch die wichtigsten Gebiete, welche in Einführungsveranstaltungen der angewandten Statistik (beispielsweise für Wirtschaftswissenschaftler) gelehrt werden. Im letzten Abschnitt dieses Buches werden die Lösungen zu den Aufgaben detailliert dargestellt. Es wurde darauf geachtet, dass die Lösungen eigenständig für jede Aufgabe nachvollziehbar sind. Somit können die Aufgaben unabhängig von ihrer Reihefolge des Erscheines in diesem Buch gelöst werden.

Die Aufgaben wurden entsprechend ihrer Schwierigkeit gekennzeichnet. Natürlich sind die Einschätzungen subjektiv und können von Person zu Person variieren. Wir haben versucht aus unserer Erfahrung die Klassifizierung der Schwierigkeit so gut wie möglich vorzunehmen. Der Schwierigkeitsgrad wird zu Beginn der Aufgabe mit dem Zeichen ❀ angegeben. Die leichtesten Aufgaben, welche zu den ersten Themengebieten einer Statistikvorlesung gehören, werde mit ❀ bis ❀ ❀ ❀ gekennzeichnet. Schwierigere Aufgaben beziehungsweise Aufgaben, welche möglicherweise erst in weiterführenden Veranstaltungen gelehrt werden, tragen die Schwierigkeitsgrade ❀ ❀ ❀ ❀ bis ❀ ❀ ❀ ❀ ❀ ❀. Je mehr ❀ bei der Aufgabe angegeben sind, desto schwieriger schätzen wir die Aufgabe ein.

Einige der Aufgaben wurden bewusst themenübergreifend formuliert. Sollten Sie bei der einen anderen Aufgabe auf den Hinweis *vgl.* stoßen, bedeutet dies, dass die Aufgabenstellung einen Bezug zu einem anderen Kapitel in diesem Buch aufweist. Nach diesem Hinweis wurde das jeweilige Kapitel angegeben.

Außerdem haben wir uns Aufgaben einfallen lassen, welche mit Hilfe der Statistiksoftware, -sprache, R gelöst werden sollen beziehungsweise nur mit Hilfe von R gelöst werden können. Die Aufgaben umfassen sowohl Simulationsstudien als auch die Arbeit mit (teilweise realen) Datensätzen, welche auf www.springer.com/de/book/9783662492116 heruntergeladen werden können. Die Aufgaben sind mit dem Symbol ℝ gekennzeichnet.

Am Ende des Buches sind im letzten Kapitel verschiedene Aufgaben aus allen Gebieten zur Klausurvorbereitung zu finden. Insbesondere können Sie sich an den beiden Probeklausuren zu den Schwierigkeitsstufen ❋ ❋ ❋–❋ ❋ ❋ ❋ ❋ unter realen Bedingungen messen. Die Klausurbedingungen haben wir zu Beginn der Probeklausuren zusammengefasst.

Sollten die Lösungen zu der einen oder anderen Aufgabe zu kurz sein oder sollten Sie kritische Anmerkungen und Ergänzungen haben, würden wir uns über eine Zusendung Ihrer Anmerkung freuen (potto@europa-uni.de). Zuletzt möchten wir Ihnen viel Erfolg und Freude beim Lösen der Aufgaben wünschen.

Philipp Otto und Anna-Liesa Lange

Inhaltsverzeichnis

Deskriptive Statistik

1.1 Lagemaße, Streuungsmaße, Zusammenhangsmaße

Aufgabe 1.1.1 Deutsches oder Holländisches Bier ⊛
Die Hotelanlage „Beach-Fever" auf einer beliebten spanischen Ferieninsel plant den Einkauf alkoholischer Getränke für die nächste Saison. Die Betreiber stehen vor der Entscheidung eine deutsche oder holländische Biersorte zu bestellen. Hierzu erfassten sie die Menge des getrunkenen Bieres X in l ihrer letzten Gäste in diesem Jahr sowie deren Nationalität Y.

Menge in l	x_i	8,5	8,5	4,0	4,0	12,0	12,0	8,5	15,7	4,0	8,5
Nationalität	y_i	D	D	NL	D	NL	D	D	NL	NL	D

$$\sum_{i=1}^{10} x_i = 85,7 \, ; \quad \sum_{i=1}^{10} x_i^2 = 871,49$$

(a) Bestimmen Sie die durchschnittliche Menge an getrunkenem Bier in l sowie die empirische Standardabweichung für X!
(b) Welches Ihnen bekannte Lagemaß eignet sich zur Beschreibung von Y? Bestimmen Sie dieses!
(c) Geben Sie für X und Y an, ob ein diskretes oder stetiges Merkmal vorliegt! Welches Skalenniveau liegt jeweils zugrunde?
(d) Zeichnen Sie die empirische Verteilungsfunktion für X! *vgl.* Abschn. 1.2.
(e) Klassieren Sie den Bierkonsum in die Klassen $K_1 = [0, 10)$ und $K_2 = [10, 20]$ und bestimmen Sie den Mittelwert für klassierte Daten!
(f) Besteht zwischen der Nationalität (deutsch, niederländisch) und dem klassierten Bierkonsum (wenig – K_1, viel – K_2) der Urlauber eine Abhängigkeit? Berechnen Sie ein geeignetes Zusammenhangsmaß und interpretieren Sie dieses!

© Springer-Verlag GmbH Deutschland 2017
P. Otto, A.-L. Lange, *Arbeitsbuch der Angewandten Statistik*,
DOI 10.1007/978-3-662-49212-3_1

Aufgabe 1.1.2 Unisex-Tarife ⊛

Für eine Untersuchung der Versicherungstarife nach der Entscheidung EuGH im März 2011 zu den Unisex-Tarifen wurden die Versicherungstarife von 14 Personen erfasst.

Tarif	x_i	205	207	235	195	215	210	205
Geschlecht	y_i	Mann	Mann	Frau	Mann	Frau	Frau	Frau
Tarif	x_i	220	215	240	195	205	225	210
Geschlecht	y_i	Mann	Mann	Frau	Mann	Mann	Frau	Frau

$$\sum_{i=1}^{n} x_i = 2.982; \quad \sum_{i=1}^{n} x_i^2 = 637.474$$

(a) Bestimmen Sie den Median sowie die empirische Standardabweichung für X.

(b) Stellen Sie grafisch charakteristische Quantile von X dar! *vgl.* Abschn. 1.2.

(c) Klassieren Sie für die folgenden Aufgaben die Versicherungstarife in die zwei Klassen $K_1 = [195, 210]$, $K_2 = (210, 240]$. Bestimmen Sie den Mittelwert für die klassierten Daten.

(d) Gibt es einen Zusammenhang zwischen dem Geschlecht und dem klassierten Versicherungstarif (niedriger Tarif – K_1, hoher Tarif – K_2)? Bestimmen Sie ein geeignetes Korrelationsmaß und interpretieren Sie dieses in einem Satz!

Aufgabe 1.1.3 Aktienmarkt ⊛

Für eine Untersuchung des deutschen Aktienmarktes wurden die Marktkapitalisierungen sowie der Aktienkurs an einem bestimmten Stichtag im Mai 2012 von 7 Unternehmen erfasst, die im DAX-30 gelistet sind. Es ergaben sich die folgenden Werte:

Marktkapitalisierung in T€	x_i	61,30	57,30	56,70	52,40	43,40	41,70	39,50
Aktienkurs in €	y_i	68,80	98,85	46,25	57,42	38,51	50,96	62,29

$$\sum_{i=1}^{7} x_i = 352,3; \quad \sum_{i=1}^{7} x_i^2 = 18.184,33; \quad \sum_{i=1}^{7} y_i = 423,08;$$

$$\sum_{i=1}^{7} y_i^2 = 27.900,87; \quad \sum_{i=1}^{7} x_i y_i = 21.769,55$$

(a) Berechnen Sie die durchschnittliche Marktkapitalisierung sowie die Stichprobenstandardabweichung der Aktienkurse!

(b) Ermitteln Sie die Spannweite der Marktkapitalisierungen!

(c) Zeichnen Sie ein Histogramm für den Aktienkurs unter Verwendung der folgenden Klasseneinteilung $K_1 = [30, 50)$, $K_2 = [50, 60)$, $K_3 = [60, 70)$, $K_4 = [70, 100]$! *vgl.* Abschn. 1.2.

(d) Bestimmen Sie die Fläche unter dem Histogramm!

(e) Besteht ein monotoner Zusammenhang zwischen der Marktkapitalisierung und dem Aktienkurs? Berechnen und interpretieren Sie ein geeignetes Zusammenhangsmaß!

Aufgabe 1.1.4 Auf's Land ziehen? ⊛

Für eine Untersuchung der Strompreise wurden die Netznutzungsentgelte von 14 Stromanbietern in städtischen und ländlichen Regionen erfasst.

Entgelt	x_i	205	207	235	195	215	210	205
Region	y_i	Stadt	Stadt	Land	Stadt	Land	Land	Land
Entgelt	x_i	220	215	240	195	205	225	210
Region	y_i	Stadt	Stadt	Land	Stadt	Stadt	Land	Land

$$\sum_{i=1}^{n} x_i = 2.982 \,; \quad \sum_{i=1}^{n} x_i^2 = 637.474$$

(a) Bestimmen Sie den Mittelwert sowie die empirische Standardabweichung für X.

(b) Stellen Sie die Nutzungsentgelte graphisch in Form eines Box-Plots dar! *vgl.* Abschn. 1.2.

(c) Klassieren Sie für die folgenden Aufgaben die Netznutzungsentgelte in die zwei Klassen $K_1 = [195, 210]$, $K_2 = (210, 240]$. Bestimmen Sie den Mittelwert für die klassierten Daten.

(d) Gibt es einen Zusammenhang zwischen der Region (Stadt, Land) und der Preisklasse des Nutzungsentgeltes (niedriges Entgelt – K_1, hohes Entgelt – K_2)? Bestimmen Sie ein geeignetes Korrelationsmaß und interpretieren Sie dieses in einem Satz!

Aufgabe 1.1.5 Schutzklasse der Verstecke der Sieben Geißlein ⊛ ⊛ ⊛

ⓡ *Es waren einmal ein Wolf und sieben Geißlein.* Das sechste der kleinen Geißlein war sehr vorausschauend und klug und bat seine Brüder verschiedene Verstecke im Haus zu finden. Da die Verstecke verschieden groß waren und auch verschieden sicher, teilte er sie in verschiedene Klassen ein. Die erfassten Daten sind in `Verstecke.csv`[1] gegeben.

- Größe X_1
  - S (1)
  - M (2)
  - L (3)
- Schutzklasse X_2
  - F (1)
  - E (2)
  - D (3)
  - C (4)

(a) Ermitteln Sie
  i. die absoluten und relativen Häufigkeiten von X_1 und X_2,
  ii. die Randhäufigkeiten von X_1 und X_2,
  iii. die für Sie bekannten Lage- und Streuungsmaße.

---

[1] Die Daten können auf www.springer.com/de/book/9783662492116 heruntergeladen werden.

(b) Berechnen Sie den Rangkorrelationskoeffizienten nach Spearman!

(c) Stellen Sie die Daten mit Hilfe des Balkendiagramm grafisch dar (barplot). *vgl.* Abschn. 1.2.

Aufgabe 1.1.6 Elektronikhersteller ⊛ ⊛ ⊛

Der Elektronikhersteller E untersuchte eine Tagesproduktion von 5.000 Fernsehgeräten auf die Qualität der Geräte. Gemessen wurden dabei drei Merkmale:

- Lebensdauer X in 1.000 Betriebsstunden
- Qualität der Flüssigkristallanzeige (LCD) Y in Qualitätsklassen 1 bis 20
- Durchschnittliche Wärmeentwicklung des Netzteiles Z in °C

Die folgende Tabelle fasst einige deskriptive Maße zusammen:

	X	Y	Z
Minimum	0,4237	1,00	34,38
Unteres Quartil	16,4325	6,00	76,25
Median	26,5768	10,00	80,92
Mittelwert	28,6818	10,43	78,36
Oberes Quartil	38,8767	15,00	82,74
Maximum	85,5835	20,00	85,61
Stichprobenstandardabweichung	15,7833	5,74	6,71
Stichprobenschiefe	0,5737	0,03	−2,12

(a) Welche der Darstellung stellt ein passendes Histogramm zur Datenerhebung von X dar? Anhand welcher Kriterien haben Sie Ihre Entscheidung getroffen? Erläutern Sie in einem Satz! *vgl.* Abschn. 1.2.

☐

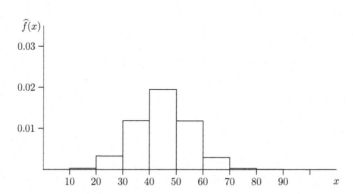

☐

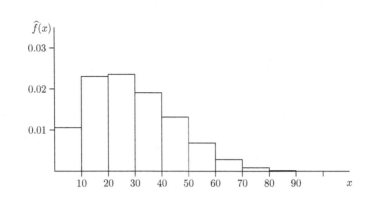

☐

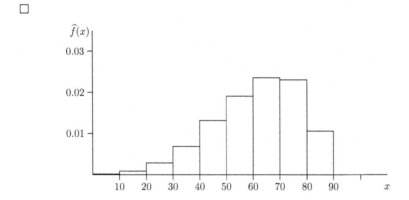

☐

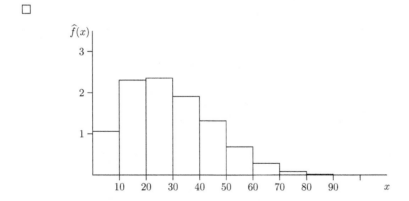

(b) Bestimmen Sie den Quartilsabstand für X! Welcher wesentliche Unterschied besteht zwischen dem Quartilsabstand und dem oben genannten Streuungsmaß?

(c) Gegeben ist die empirische Verteilungsfunktion von Y.

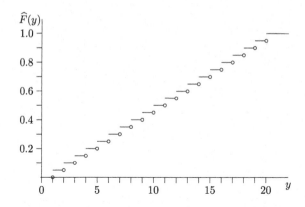

Welche Ihnen bekannte Verteilung beschreibt die Daten von Y am besten?

(d) Gegeben ist das Streuungsdiagramm (Scatterplot) von X und Z. Welches Zusammen-hangsmaß eignet sich zur Beschreibung und Quantifizierung des Zusammenhanges und ist in diesem Fall sinnvoll? Diskutieren Sie verschiedene Zusammenhangsmaße! *vgl.* Abschn. 1.2.

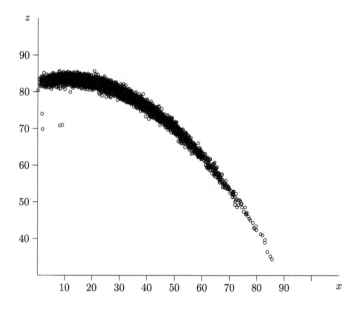

(e) Zeigen Sie, dass der Verschiebungssatz gilt!

$$s^2 = \frac{1}{n-1} \sum_{i=1}^{n} (x_i - \bar{x})^2 = \frac{1}{n-1} \sum_{i=1}^{n} x_i^2 - \frac{n}{n-1} \bar{x}^2$$

(f) Überprüfen Sie, ob die erwartete Betriebsdauer der Fernseher signifikant von 25.000 Stunden abweicht! Wählen Sie dabei ein sinnvolles Signifikanzniveau! Gehen Sie in dieser Aufgabe davon aus, dass die Betriebsdauer normalverteilt ist. *vgl.* Abschn. 3.3.1.

Aufgabe 1.1.7 Kassenbon ✳ ✳
Analysieren Sie den vorliegenden Kassenbon von Martins letzten Einkauf und beantworten Sie die untenstehenden Fragen. Hierbei sei die Zufallsvariable X der Einzelpreis der einzelnen Posten in Euro und Y der dazugehörige Mehrwertsteuersatz in Prozent.

i	Posten	Preis x_i	MWSt-Satz y_i
1	Salamiaufschnitt	5,00	7
2	Harzfeuer-Tomaten	2,12	7
3	LCD-Fernseher So-Nie	99,99	19
4	Zahnbürstenset	9,80	19
5	Bier	5,55	19
6	Sesamkruste	1,99	7
7	Hass-Avocado	0,99	7
$\vdots$	$\vdots$	$\vdots$	$\vdots$

$$\sum_{i=1}^{7} x_i = 125{,}44\,; \quad \sum_{i=1}^{7} x_i^2 = 10.159{,}28\,; \quad \sum_{i=1}^{7} y_i = 85\,;$$

$$\sum_{i=1}^{7} y_i^2 = 1.279\,; \quad \sum_{i=1}^{7} x_i y_i = 2.262{,}16$$

(a) Bestimmen Sie den durchschnittlichen Preis pro Posten sowie die Stichprobenstandardabweichung für X!

(b) Bestimmen Sie ein gegenüber Ausreißern robustes Lagemaß für den Preis X!

(c) Welche Ihnen bekannte Streuungsmaße eignen sich zur Beschreibung von X? Nennen Sie zwei Streuungsmaße und achten Sie dabei auf die Robustheit gegenüber Ausreißern!

(d) Welches Skalenniveau liegt Y zugrunde? Ist Y ein diskretes oder stetiges Merkmal? Begründen Sie!

(e) Zeichnen Sie unter Verwendung der folgenden Klassen ein Histogramm für X! *vgl.* Abschn. 1.2.

$$K_1 = [0, 5), \quad K_2 = [5, 50) \quad \text{und} \quad K_3 = [5, 100]$$

(f) Außerdem seien für den gesamten Einkauf die folgenden absoluten Häufigkeiten bekannt.

X/Y	7 %	19 %
[0, 10)	14	5
[10, 100]	3	11

Besteht zwischen X und Y ein monotoner Zusammenhang? Bestimmen Sie ein geeignetes Zusammenhangsmaß und interpretieren Sie dieses!

1.2 Grafische Darstellungen

Aufgabe 1.2.1 Histogramme und Dichtefunktionen ⊛ ⊛ ⊛
® Simulieren Sie einhundert Zufallsvariablen, die

(a) gleichverteilt auf [0, 1] (runif),
(b) standardnormalverteilt (rnorm),
(c) t-verteilt mit 20 Freiheitsgraden (rt),
(d) χ^2-verteilt mit 10 Freiheitsgraden (rchisq)

sind. Zeichnen Sie für jeden der Unterpunkte je ein Histogramm und fügen Sie die Dichtefunktion der jeweiligen Verteilung als farbige Grafik hinzu! Für die Simulationsstudie setzen Sie mithilfe der Funktion set.seed() den Startwert auf 12.241.542. Wiederholen Sie die Simulation für 10^6 Zufallsvariablen. *vgl.* Abschn. 2.2.

Aufgabe 1.2.2 Normal- und t-Verteilung ⊛ ⊛ ⊛ ⊛
® Simulieren Sie 1.000 eindimensionale Zufallsvariablen, die

(a) mit den Parametern $(\mu, \sigma^2) = (0, 1), (0, 4)$ und $(3, 1)$ normalverteilt sind (rnorm). Zeichnen Sie die Histogramme der simulierten Zufallszahlen! Fügen Sie in jede Grafik je alle drei exakten Dichten ein und analysieren Sie den Einfluss der Parameter auf Lage und Streuung der Funktion.
(b) t-verteilt mit 2, 5 und 100 Freiheitsgraden sind (rt). Zeichnen Sie die Histogramme. Fügen Sie die Dichtefunktion der Standardnormalverteilung sowie die der entsprechenden t-Verteilung zu jeder Grafik hinzu. Vergleichen Sie die Dichten der t-Verteilung mit der Dichte der Standardnormalverteilung!

Setzen Sie zu Beginn jeder Teilaufgabe mithilfe der Funktion set.seed() den Startwert auf 1.123.581.321. *vgl.* Abschn. 2.2.

Aufgabe 1.2.3 Empirische Verteilungsfunktion ⊛ ⊛

Eine Bank bietet ihren Kunden Sofortdarlehen an, die sich hinsichtlich ihrer Darlehenssumme X unterscheiden. Es gibt Darlehen der folgenden Höhe: 5.000 Euro, 10.000 Euro, 12.000 Euro, 13.000 Euro und 14.000 Euro. Im Jahr 2011 wurden folgende Darlehensverträge geschlossen.

Darlehenssumme	5.000	10.000	12.000	13.000	14.000
Anzahl der geschlossenen Verträge	4.200	4.200	4.900	3.800	2.900

(a) Bestimmen und zeichnen Sie die empirische Verteilungsfunktion für die vorliegenden Daten.

(b) Welche Bedingung muss erfüllt sein, damit $\widehat{F}$ eine Sprungstelle an der Stelle x_0 aufweist?

(c) Wie viel Prozent der Verträge haben eine Darlehenssumme von nicht mehr als 10.000 Euro?

(d) Wie viel Prozent der Verträge haben eine Darlehenssumme von mehr als 12.000 Euro?

Wahrscheinlichkeitstheorie

2.1 Kombinatorik, Satz der totalen Wahrscheinlichkeit, Satz von Bayes

Aufgabe 2.1.1 Souvenir ⊛ ⊛

Bradley bringt sich meist ein Tattoo als Souvenir aus dem Urlaub mit. Da er bei den meisten seiner Tätowierungen betrunken war, kann man davon ausgehen, dass er alle Tätowierer in seinem Umkreis mit gleicher Wahrscheinlichkeit aufsucht. Jetzt ist Bradley für zwei Wochen in Berlin. In seinem Umkreis gibt es die folgenden Tattoostudios:

- „Für immer und ehwig"
  Hier arbeitet Mike, der eine Lese-, Rechtschreibschwäche hat und mit einer Wahrscheinlichkeit von 45 % einen Rechtschreibfehler tätowiert.
- „Taotto"
  Der Laden gehört Analphabet Joe, welcher beim Abschreiben der Wörter in Tattoos häufig die Buchstaben verdreht. Ein Rechtschreibfehler passiert ihm sogar mit einer Wahrscheinlichkeit von 80 %.
- „Der Körper seines Geistes"
  Im dritten Tattoostudio lebt und arbeitet Jacky. Tattoos sind ihr Leben und sie macht nur selten Fehler. Ein Fehler in Orthographie oder Grammatik würde ihr nur mit einer Wahrscheinlichkeit von 5 % passieren.

(a) Bradley hat wieder über die Stränge geschlagen, geht nun zum Tätowierer und lässt sich den Namen seiner Freundin Lissy tätowieren. Mit welcher Wahrscheinlichkeit hat das fertige Tattoo keinen Rechtschreibfehler?

(b) Am nächsten Morgen sieht er das Tattoo. Er liest „Ssily". Mit welcher Wahrscheinlichkeit war er bei Joe?

(c) Angenommen die Reihenfolge der Buchstaben des Wortes „Lissy" entsteht bei Tätowierer Joe rein zufällig. Mit welcher Wahrscheinlichkeit schreibt er den Namen richtig?

© Springer-Verlag GmbH Deutschland 2017
P. Otto, A.-L. Lange, *Arbeitsbuch der Angewandten Statistik*,
DOI 10.1007/978-3-662-49212-3_2

Aufgabe 2.1.2 Lernen, lernen und nochmals lernen (W. I. Lenin) ⊛ ⊛
Marcel hat festgestellt, dass noch zwei Tage bis zum zweiten Termin der Statistik-Klausur
verbleiben, und möchte sich nun auf diese vorbereiten und die beste Strategie zum Bestehen finden. Dazu befragt er seine Kommilitonen, die im ersten Termin geschrieben haben.
Marcel weiß, dass dieser erste Termin mit einer Wahrscheinlichkeit von 70 % zu bestehen
war.

Unter seinen Kommilitonen konnte er drei (sich gegenseitig ausschließende) Lernstra-
tegien feststellen:

1. Regelmäßiges Lernen
2. Unterstützung durch Wiederholungskurse
3. Gänzlich ohne Lernen

Zunächst betrachtet er die Kommilitonen, die bestanden haben. Mit einer Wahrscheinlichkeit von 80 % gehört ein Student, der bestanden hat, der ersten Kategorie an. Mit einer
Wahrscheinlichkeit von 15 % gehört ein Besteher der zweiten Kategorie an.

Marcel hat bei der Vorlesung zufällig gehört, dass man auch die Studenten, die nicht be-
standen haben, betrachten sollte. Mit einer Wahrscheinlichkeit von 10 % gehört ein Nicht-
Besteher zur ersten Kategorie und mit einer Wahrscheinlichkeit von 20 % gehört ein Nicht-
Besteher zur zweiten Kategorie.

(a) Berechnen Sie die Wahrscheinlichkeit, dass ein Student in der Klausur sitzt und nicht
    gelernt hat!
(b) Marcel entscheidet sich für die zweite Lernstrategie. Wie groß ist die Wahrscheinlich-
    keit, dass er besteht?
(c) Wie groß ist die Wahrscheinlichkeit, dass sich unter den ersten zehn befragten Kom-
    militonen mindestens ein Student befindet, der nicht bestanden hat? (Gehen Sie davon
    aus, dass die Auswahl unabhängig und zufällig erfolgte und für alle Kommilitonen die
    obige Bestehenswahrscheinlichkeit gilt.)

Aufgabe 2.1.3 Verhaftung mit oder ohne Beute? ⊛ ⊛
Die Coups der Olsenbande, einer bekannten dänischen TV-Kriminalkömodie, glücken nur
in den wenigstens aller Fälle. Dies liegt nicht unbedingt an den schlechten Plänen von
Egon Olsen, sondern oftmals auch an der Vorbereitung der Coups durch Benny und Kield,
welche mit einer Wahrscheinlichkeit von 80 % schlecht durchgeführt wird. Es gibt genau
drei mögliche Ergebnisse des Coups:

- positiv – ohne Verhaftung und mit Beute
- neutral – ohne Verhaftung und ohne Beute
- negativ – mit Verhaftung und ohne Beute

Bei einer guten Vorbereitung endet der Coup mit einer Wahrscheinlichkeit von 20 % positiv. Bei einer schlechten Vorbereitung endet er nur in 5 % der Fälle positiv.

Mit einer Wahrscheinlichkeit von 30 % endet ein gut vorbereiteter Coup neutral und mit einer Wahrscheinlichkeit von 10 % endet ein schlecht vorbereiteter Coup neutral.

In allen anderen Fällen endet der Coup ohne Beute und mit einer Verhaftung von Egon Olsen.

(a) Mit welcher Wahrscheinlichkeit endet der Coup ohne Beute und mit einer Verhaftung für Egon Olsen?

(b) Zeigen Sie, dass eine gute und schlechte Vorbereitung gleichwahrscheinlich ist, wenn der Coup positiv endet!

(c) Sind die Ereignisse „Coup endet positiv" und „Vorbereitung ist gut" stochastisch unabhängig?

Aufgabe 2.1.4 Autohauseröffnung I ✳ ✳

Zur Eröffnung eines Autohauses plant der Inhaber eine große Rabattaktion in Form eines Sofortrabattes bei der Anschaffung eines neuen Fahrzeugs. Am Tag der Eröffnung sollen genau 10 Personen ausgelost werden, die den Rabatt erhalten können. Jeder Besucher kann dabei jeweils nur einmal gewinnen. Es kommen leider nur 30 Personen, unter diesen befinden sich zu allem Übel 12 Personen, die bereits einen Wagen dieser Marke fahren und keine Neuanschaffung planen.

(a) Mit welcher Wahrscheinlichkeit befindet sich unter den ausgelosten Gewinnern mindestens ein Kunde, der bereits ein Fahrzeug der Marke fährt?

(b) Das Autohaus hat 15 verschiedene Fahrzeuge auf Lager. Wie viele Möglichkeiten gibt es, die Fahrzeuge auf die 10 Gewinner zu verteilen? Jeder erhält nur ein Fahrzeug.

Aufgabe 2.1.5 Autohauseröffnung II ✳

Zur Eröffnung eines Autohauses plant der Inhaber eine große Rabattaktion in Form eines Sofortrabattes bei der Anschaffung eines neuen Fahrzeugs. Am Tag der Eröffnung sollen genau 5 Personen ausgelost werden, die den Rabatt erhalten können. Jeder Besucher kann dabei jeweils nur einmal gewinnen. Es kommen leider nur 30 Personen, unter diesen befinden sich zu allem Übel 12 Personen, die bereits einen Wagen dieser Marke fahren und keine Neuanschaffung planen.

(a) Mit welcher Wahrscheinlichkeit befindet sich unter den ausgelosten Gewinnern mindestens ein Kunde, der bereits ein Fahrzeug der Marke fährt?

(b) Leider ist die Wahrscheinlichkeit gering, dass man gewinnt und der Händler das persönliche Lieblingsfahrzeug auf Lager hat. Sie beträgt nur 10 %. Wie groß ist die Wahrscheinlichkeit, dass das persönliche Lieblingsfahrzeug auf Lager ist, wenn man bei dem Gewinnspiel gewinnt?

Aufgabe 2.1.6 Iskander ⊛ ⊛ ⊛

Bereits in altägyptischen Gräbern von 3500 v. Chr. wurden manipulierte Würfel gefunden. Der alte Ägypter Iskander war sehr gerissen, dessen Würfel besaß die folgende Wahrscheinlichkeitsverteilung:

$$P(\{1\}) = 0{,}1, \quad P(\{2\}) = P(\{3\}) = P(\{4\}) = P(\{5\}) = 0{,}15, \quad P(\{6\}) = 0{,}3$$

Definiert seien die beiden Ereignisse A und B:

A – Augenzahl ist gerade
B – Augenzahl ist ein Vielfaches von 3

(a) Bestimmen Sie die Wahrscheinlichkeit für das Auftreten einer geraden Augenzahl!
(b) Lässt sich die Wahrscheinlichkeit für das Auftreten des Ereignisses A als Laplace-Wahrscheinlichkeit ermitteln? Begründen Sie Ihre Aussage in einem Satz!
(c) Bestimmen Sie $P(A \cup B)$ und $P(A \cap B)$!
(d) Bestimmen Sie $P(A|B)$!
(e) Unter welcher Bedingung gilt $P(A|B) = P(A)$? Begründen Sie in einem Satz!
(f) Überprüfen Sie, ob A und B stochastisch unabhängig sind!
(g) Welcher Zusammenhang besteht zwischen der relativen Häufigkeit und der Wahrscheinlichkeit? Erläutern Sie kurz mit eigenen Worten!
(h) Es gelten die Axiome von Kolmogorov. Zeigen Sie, dass für $C \subseteq A$ gilt, dass $P(C) \leq P(A)$!

Aufgabe 2.1.7 Hütchenspieler Alejandro ⊛ ⊛

An der Strandpromenade spielt der Hütchenspieler Alejandro mit dem Passanten Horst-Günther folgendes Spiel. Er hat 5 Hütchen und 2 rote, 2 blaue und eine gelbe Kugel. Diese Kugeln versteckt er unter den Hütchen, dreht die Hütchen und ordnet sie unabhängig in einer Reihe von links nach rechts.

(a) Wie viele mögliche Anordnungen der Kugeln gibt es, wenn alle Kugeln verschiedene Farben hätten?
(b) Wie viele mögliche Anordnungen der Kugeln mit den oben genannten Farben gibt es?
(c) Horst-Günther gewinnt das Spiel, wenn er die gelbe Kugel aufdeckt, wobei er drei Hütchen wählen darf. Mit welcher Wahrscheinlichkeit gewinnt er das Spiel, wenn er die drei Hütchen zufällig auswählt?
(d) Mit welcher Wahrscheinlichkeit ist die erste gezogene Kugel blau?
(e) Es gibt insgesamt 18 Kombinationen, bei denen Horst-Günther gewinnt, bei 6 dieser Kombinationen ist dabei die erste Kugel blau.
Horst-Günther ist außerdem ein strategischer Spieler und stellt sich die folgende Frage: „Wie groß ist die Wahrscheinlichkeit, dass ich gewinne, wenn ich als erstes eine blaue Kugel aufdecke?" Beantworten Sie ihm die Frage!
(f) Gehen Sie davon aus, dass alle Spiele unabhängig erfolgen. Mit welcher Wahrscheinlichkeit gewinnt Horst-Günther erst beim dritten Spiel?

Aufgabe 2.1.8 Du zahlst ⊛ ⊛ ⊛

Bei der Bezahlung des Urlaubes ziehen das Ehepaar Anton und Beate gern eine Münze zu Rate. Sie werfen die Münze immer zweimal hintereinander. Die beiden Würfe sind unabhängig. Anton wird dabei das Ereignis $A = \{(K, K), (K, Z)\}$ (d. h. das Ereignis, dass beim ersten Wurf Kopf kommt) und Beate das Ereignis $B = \{(K, K), (Z, K)\}$ (d. h. das Ereignis, dass beim zweiten Wurf Kopf auftritt) zugeordnet.

(a) Bestimmen Sie die Grundgesamtheit Ω für den zweimaligen Münzwurf!

(b) Ergänzen Sie die nachfolgende Tabelle mit den entsprechenden Erläuterungen oder Mengendarstellungen!

Mengendarstellung	Ereignis, dass
	mindestens einmal Kopf auftritt
	zweimal Kopf auftritt
$\bar{A} \cup \bar{B}$	mindestens einmal Zahl auftritt
$\bar{A} \cap \bar{B}$	
$(A \cap \bar{B}) \cup (\bar{A} \cap B)$	
$(A \cap B) \cup (\bar{A} \cap \bar{B})$	

(c) Bestimmen Sie die Wahrscheinlichkeit für das Ereignis A!

(d) Sei $P(\cdot)$ ein Wahrscheinlichkeitsmaß und es gelten die Axiome von Kolmogorov. Zeigen Sie, dass $P(\bar{A}) = 1 - P(A)$ gilt!

(e) Gilt $P(A|B) = P(A)$? Interpretieren Sie das Ergebnis bezüglich der Unabhängigkeit von A und B!

(f) Anton und Beate wiederholen den Wurf zweier Münzen zehnmal. Anton interessiert dabei, wie oft er gewinnen wird. Sei X die Anzahl, wie oft Anton beim n-maligen Wurf gewinnt. Wie ist X verteilt? Geben Sie wenn nötig auch die Parameter der Verteilung an!

(g) Von welcher Verteilung spricht man in (f), wenn $n = 1$ ist?

(h) Spricht man bei der obigen Verteilung aus (f) von einer diskreten oder stetigen Verteilung? Begründen Sie!

(i) Die Verteilungsfunktion einer Zufallsvariablen X sei gegeben durch

$$F_X(x) = P(\{\omega \in \Omega : X(\omega) \leq x\}), \quad x \in \mathbb{R}.$$

Was verstehen Sie unter einer Verteilungsfunktion? Erläutern Sie in einem Satz!

(j) Bestimmen Sie den Funktionswert der Verteilungsfunktion einer Normalverteilung mit den Parametern $\mu = 2$ und $\sigma^2 = 4$ an der Stelle 3!

(k) Warum ist die folgende Funktion G keine Verteilungsfunktion?

$$G(x) = \begin{cases} 1 - \frac{1}{x} & \text{für} \quad x \in (0, \infty) \\ 0 & \text{für} \quad x \in (-\infty, 0] \end{cases}$$

(l) Nennen Sie einen sinnvollen Schätzer für die Verteilungsfunktion!

Aufgabe 2.1.9 Klausurendoping ✳ ✳ ✳ ✳

In den letzten Jahren hat sich unter Studenten, die eine Klausur gerade noch bestehen wollen, eine neue leistungssteigernde Droge verbreitet.

Leider wird sie häufig nur von Studenten genommen, bei denen das Bestehen bereits fast aussichtslos ist. Unter diesen mit einer Wahrscheinlichkeit von 90 %. Zur Vereinfachung sei anzunehmen, dass die Wahrscheinlichkeit, dass ein guter Student das Doping vornimmt, vernachlässigbar gering ist.

Mit einer Wahrscheinlichkeit von 10 % gehört ein Student zur Gruppe der Aussichtslosen.

Die Wirksamkeit des Doping ist sehr hoch. Sie steigert die Bestehenswahrscheinlichkeit um das 15-fache. Folgende Bestehenswahrscheinlichkeiten sollen angenommen werden:

- Wenn das Bestehen bereits fast aussichtslos ist und er keine Drogen nimmt: 0,01.
- Wenn der Student kein aussichtsloser Fall ist: 0,8.

(a) Mit welcher Wahrscheinlichkeit besteht man die Klausur?
(b) Mit welcher Wahrscheinlichkeit ist der Student „gedopt", wenn er die Klausur nicht besteht?

2.2 Univariate Zufallsgrößen

Aufgabe 2.2.1 Noch ein Bier ✳ ✳ ✳

Im All-Inclusive-Urlaub nutzen die meisten Gäste am Abend nur noch maximal N Worte. Der Barkeeper, ein studierter Linguist, ist von der Sprache fasziniert und versucht sich der quantitativen Linguistik. Er erinnert sich von seinem Studium an das Zipf'sche Gesetz. Sei $X \in \{1, 2, \ldots, N\}$ eines der N Wörter. Gegeben sei weiterhin die Wahrscheinlichkeitsfunktion f, welche das Auftreten des k-häufigsten Wortes beschreibt und vom Parameter $s \in \mathbb{N}$ abhängt. Sie sei

$$f_s(k) = P(X = k) = \frac{k^{-1}}{\sum_{i=1}^{N} i^{-s}}, \quad k \in \{1, 2, \ldots, N\}.$$

(a) Bestimmen Sie den Parameter s so, dass die Funktion f eine Wahrscheinlichkeitsfunktion sein kann!
(b) Bestimmen Sie die folgenden Wahrscheinlichkeiten! Gehen Sie davon aus, dass $s = 1$ und $N = 6$ ist.
   i. $P(X \leq 3)$
   ii. $P(1 \leq X < 4)$
   iii. $P(X = 1)$
(c) Bestimmen Sie den Erwartungswert und die Varianz von X für den Parameter $s = 1$ und beliebige $N \in \mathbb{N}$! Hinweis: $\sum_{i=1}^{N} i = \frac{1}{2} N(N + 1)$

Aufgabe 2.2.2 Beta-Verteilung ⊛ ⊛ ⊛

Gegeben sei die BETA-Verteilung

$$f(x) = c x^{\alpha-1} (1-x)^{\beta-1}, \quad x \in [0,1],$$

wobei die beiden Parameter $\alpha, \beta > 0$ und $c \in \mathbb{R}$.

(a) Bestimmen Sie den Paramater c so, dass die Funktion f eine Dichtefunktion sein kann! Wählen Sie dabei die Parameter $\alpha = 1$ und $\beta = 3$.

(b) Bestimmen Sie für $\alpha = \beta = c = 1$ die folgenden Wahrscheinlichkeiten!
   i. $P(X \geq 0{,}6)$
   ii. $P(X = 0{,}5)$
   iii. $P(X < 1{,}8)$

(c) Bestimmen Sie den Erwartungswert von X für beliebige $c \in \mathbb{R}$ und $\alpha > 0$! Wählen Sie dabei den Parameter $\beta = 3$.

Aufgabe 2.2.3 Bis die Maschine ausfällt ⊛ ⊛

In der Qualitätskontrolle wird zur Beurteilung der Zuverlässigkeit von Maschinen die mittlere Betriebsdauer X zwischen zwei Betriebsausfällen in Tagen (mean-time-between-failures (MTBF)) herangezogen. Diese sei mit folgender Dichte exponentialverteilt.

$$f(x) = \lambda e^{-\lambda x}, \quad x \geq 0, \lambda > 0$$

(a) Zeigen Sie, dass f unabhängig von der Parameterwahl λ eine Dichtefunktion von X ist.

(b) Im folgenden sei die MTBF der Maschine $X \sim \text{Exp}(\lambda = 0{,}2)$.
   Berechnen Sie die Wahrscheinlichkeit, dass die mittlere Betriebsdauer:
   i.   mindestens 10 Tage beträgt.
   ii. weniger als 8 Tage beträgt.
   iii. zwischen 5 und 15 Tagen liegt.

(c) Für welche Parameter $\lambda > 0$ existiert der Erwartungswert von e^X?

Aufgabe 2.2.4 Rudolph und Gisela ⊛ ⊛ ⊛ ⊛

Rentier Rudolph und Henne Gisela streiten sich wie jedes Jahr, wer mehr Geschenke im Auftrag ihrer Chefs verteilen muss. Um die Arbeit vergleichbar zu machen, einigen sie sich die Menge aller Geschenke, die auf einen Schlitten oder in ein Eier-Körbchen passen, als eine Zufallsgröße X in kg zu bezeichnen.

(a) Beide wissen zunächst nicht, wie die Geschenkemenge X verteilt ist. Sie wissen lediglich, dass man eine Geschenkemenge von 25 kg bei einer Varianz von 5 (kg)^2 erwarten kann. Wie groß ist die Wahrscheinlichkeit mindestens, dass X im Intervall $(21, 29)$ liegt?

(b) Rudolph musste in diesem Jahr insgesamt 5.000 von verschiedenen Wichteln unabhängig bepackte Schlitten ziehen. Gehen Sie davon aus, dass die Geschenkemenge auf jedem Schlitten der gleichen Verteilung mit dem Erwartungswert und der Varianz aus Aufgabenteil (a) folgt. Wie groß ist die Wahrscheinlichkeit näherungsweise, dass er mehr als 125,2 t Geschenke ausgeliefert hat? Hinweis: 1 t = 1.000 kg

(c) Gehen Sie im Folgenden davon aus, dass X mit identischem Erwartungswert und gleicher Varianz normalverteilt ist. Bestimmen Sie die Wahrscheinlichkeit aus Aufgabenteil (a) unter dieser Zusatzannahme!

(d) Gisela zweifelt an Rudolphs Rechnungen und hat selber das Gewicht der letzten 100 Schlitten gemessen. Die Geschenkemenge dieser 100 Schlitten betrug insgesamt 2.550 kg. Sie möchte überprüfen, ob der Erwartungswert 25 kg signifikant überschritten wird. Führen Sie einen geeigneten Test zum Signifikanzniveau $\alpha = 0,05$ durch! Gehen Sie davon aus, dass die Varianz von 5 (kg)^2 bekannt ist. *vgl.* Abschn. 3.3.1.

(e) Rudolphs Chef Claus weiß, dass der wahre Erwartungswert der Geschenkemenge X exakt 24,78 kg beträgt. Bestimmen und interpretieren Sie für das Testproblem aus (d) die Wahrscheinlichkeit H_0 abzulehnen! *vgl.* Abschn. 3.3.1.

Aufgabe 2.2.5 Plausibilitätsprüfungen ✳ ✳

Finanzämter überprüfen teilweise die Plausibilität von Bilanzdaten anhand der Verteilung der ersten Ziffer aller Zahlen in einer Bilanz. Sei X die erste Ziffer einer beliebigen Zahl. Gegeben sei für $d \in \{1, 2, \ldots, 9\}$ die folgende Wahrscheinlichkeitsfunktion f.

$$f(d) = P(X = d) = \log_B \left(\frac{d+1}{d} \right)$$

(a) Zeigen Sie, dass für die Basis $B = 10$ die oben gegebene Funktion f eine Wahrscheinlichkeitsfunktion ist!

(b) Berechnen Sie die Wahrscheinlichkeit, für die folgenden Ereignisse:
   i.   Die erste Ziffer ist 4.
   ii. Die erste Ziffer ist größer als 2, aber kleiner als 5.
   iii. Die erste Ziffer ist größer 2.

(c) Berechnen Sie den Erwartungswert und die Varianz von X!

Aufgabe 2.2.6 Simulationsstudie ✳ ✳ ✳ ✳

®︎ In einer Simulationsstudie soll das schwache Gesetz der großen Zahlen veranschaulicht werden.

Es seien $X_1, X_2, \ldots$ unabhängig und identisch verteilte Zufallsvariablen mit $E(X_i) = \mu$. Dann gilt für alle $\varepsilon > 0$

$$\lim_{n \to \infty} P\left(|\bar{X} - \mu| > \varepsilon \right) = 0.$$

Hierzu wurde eine Simulationsstudie durchgeführt, welche $n = (1, 10, 50)$ auf dem Intervall $[a, b]$ gleichverteilte Zufallszahlen simuliert und das Ergebnis in einem Histogramm darstellt.

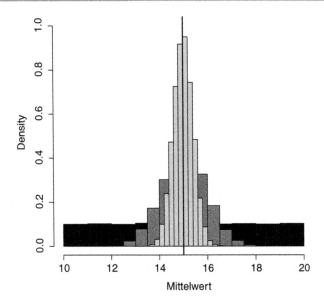

```
 1  > m <- 10^4
 2  > a <- 10
 3  > b <- 20
 4  > mu <- 0.5 * (a + b)
 5  > # Definition der Vektoren x_bar
 6  > x_bar_1 <- numeric(m)
 7  > x_bar_10 <- numeric(m)
 8  > x_bar_50 <- numeric(m)
 9  > # Simulationsstudie
10  > for (i in 1:m)
11  + {
12  +   x_bar_1[i] <- mean(runif(1, min = a, max = b))
13  +   x_bar_10[i] <- mean(runif(10, min = a, max = b))
14  +   x_bar_50[i] <- mean(runif(50, min = a, max = b))
15  + }
16  > # Abbildung Histogramme
17  > hist(x_bar_1, prob = TRUE, breaks = 12, col = gray(0.2), ylim = c(0,1)
        , xlim = c(a,b), main = "", xlab = "Mittelwert")
18  > hist(x_bar_10, prob = TRUE, breaks = 12, col =  gray(0.5), add = TRUE)
19  > hist(x_bar_50, prob = TRUE, breaks = 12, col = gray(0.8), add = TRUE)
20  > abline(v = mu, lwd = 2)
21  > # Signifikanztests
22  > library("TeachingDemos")
23  > sigma.test(x_bar_1, sigmasq = 8, alternative = "two.sided")
24
25          One sample Chi-squared test for variance
26
27  data:  x_bar_1
28  X-squared = 10353.85, df = 9999, p-value = 0.01296
29  alternative hypothesis: true variance is not equal to 8
30  95 percent confidence interval:
31   8.058997 8.518419
```

```
32   sample estimates:
33   var of x_bar_1
34         8.283911
35
36   > var.test(x_bar_10, x_bar_50, alternative = "greater")
37
38           F test to compare two variances
39
40   data:  x_bar_10 and x_bar_50
41   F = 4.8726, num df = 9999, denom df = 9999, p-value < 2.2e-16
42   alternative hypothesis: true ratio of variances is greater than 1
43   95 percent confidence interval:
44    4.714935       Inf
45   sample estimates:
46   ratio of variances
47            4.872638
```

(a) Für wie viele Simulationswiederholungen wurde die Studie durchgeführt? Nennen
     Sie die entsprechende Zeile im R-Code!

(b) Wie viele Werte hat der Vektor x_bar_50? Begründen Sie Ihre Antwort!

(c) Ergänzen Sie in der obigen Abbildung bei jedem der drei Histogramme die Zeilen-
     nummer des Codes, mit welchem es erzeugt wurde!

(d) Stellen Sie die Hypothesen des in Zeile 23 durchgeführten Tests auf! Treffen Sie die
     Entscheidung zu einem Signifikanzniveau von $\alpha = 0{,}01$!

(e) Welcher Test wird in Zeile 36 durchgeführt? Bestimmen Sie die Hypothesen und
     erläutern Sie in eigenen Worten, was untersucht werden soll!

(f) Zu welcher Entscheidung kommt der in Zeile 36 durchgeführte Test ($\alpha = 0{,}01$)?

(g) Sie möchten die Ergebnisse reproduzierbar machen und wollen einen Startwert für
     die Simulation setzen. Was müssen Sie am gegebenen Code ändern/ergänzen? Geben
     Sie auch an, an welcher Stelle die Änderung(en) zu erfolgen hat(haben).

Geben Sie für die folgenden Problemstellungen die jeweilige Funktion in R an!

(h) Sie möchten für x_bar_10 und x_bar_50 testen, ob die Erwartungswerte gleich
     sind.

(i) Sie wollen für die Funktion hist() die Hilfe aufrufen.

(j) Wie müssen Sie die Zeilen 12–14 ändern, damit $X_1, X_2, \ldots$ unabhängig und mit
     $\mu = 10$ und $\sigma = 5$ identisch normalverteilt ist.

Aufgabe 2.2.7 In der Weihnachtsbäckerei ❋ ❋ ❋ ❋

In der Weihnachtsbäckerei für Kinder werden die Mengen von Mehl und Zucker oft nur
abgeschätzt. Der Inhaber der „Bäckerei Gutbrodt" beschäftigt sich in seiner Freizeit gern
mit Statistik und bezeichnet mit einer Zufallsvariable X die Menge Mehl in g, welche in
eine Kinderhand passt.

(a) Herr Gutbrodt weiß, dass eine Handvoll Mehl, welche in eine Kinderhand passt,
     immer zwischen 0 g und 30 g liegt. Angenommen, die Menge Mehl sei auf diesem
     Intervall gleichverteilt, bestimmen Sie den Erwartungswert und die Varianz von X!

(b) Wie groß ist die Wahrscheinlichkeit mindestens, dass die Menge Mehl um weniger als 12 g nach oben bzw. unten vom Erwartungswert abweicht, wenn man von einer beliebigen Verteilung ausgeht, aber Erwartungswert und Varianz unverändert sind?

(c) Bestimmen Sie die approximative Wahrscheinlichkeit, dass 100 Handvoll Mehl weniger als 1.400 g sind! Gehen Sie davon aus, dass jedes Kind einmal eine Handvoll Mehl greift und X für jedes Kind unabhängig der gleichen Verteilung folgt.

(d) Um die Mehlmenge in einer Kinderhand statistisch zu untersuchen, hat Herr Gutbrodt 50 Kinder jeweils eine Handvoll Mehl in eine Schüssel füllen lassen. Insgesamt haben die Kinder dadurch 800 g Mehl in die Schüssel gefüllt. Überprüfen Sie, ob die erwartete Menge einer Handvoll Mehl über 14 g liegt. Gehen Sie davon aus, dass X mit dem Erwartungswert $\mu = 15\,g$ und der Varianz $\sigma^2 = 25\,g^2$ normalverteilt ist. Führen Sie einen geeigneten Test zum Signifikanzniveau $\alpha = 0,05$ durch! *vgl.* Abschn. 3.3.1.

(e) Bestimmen und interpretieren Sie für dieses Testproblem die Wahrscheinlichkeit H_0 abzulehnen! Hinweis: Der wahre Erwartungswert ist aus Aufgabenteil (a) bekannt. *vgl.* Abschn. 3.3.1.

Aufgabe 2.2.8 Schwaches Gesetz der großen Zahlen ✲ ✲ ✲ ✲ ✲
ℝ Simulieren Sie $n = (1, 10, 50)$ Zufallsvariablen, die auf dem Intervall $[0, 1]$ gleichverteilt sind. Veranschaulichen Sie das schwache Gesetz der großen Zahlen mittels einer Simulationsstudie. Bestimmen Sie für 500 Wiederholungen $\bar{X}$ und analysieren Sie die Verteilung. Erzeugen Sie eine Grafik, welche die Histogramme von $\bar{X}$ für alle n in verschiedenen Farben zeigt. (set.seed(1))

Wiederholen Sie die Aufgabe für exponentialverteilte Zufallsvariablen ($\lambda = 5$). Wählen Sie hierbei allerdings $n = (100, 1.000, 10.000)$. *vgl.* Abschn. 1.2.

Aufgabe 2.2.9 Zentraler Grenzwertsatz ✲ ✲ ✲ ✲ ✲
ℝ Veranschaulichen Sie den Zentralen Grenzwertsatz, indem Sie je 25 Zufallsvariablen 1.000-mal simulieren und die (normierten) Mittelwerte der simulierten Werte in einem Histogramm darstellen. Vergleichen Sie die Histogramme mit der Dichtefunktion der Normalverteilung. Führen Sie die Simulationstudie für gleich-, binomial- und χ^2-verteilte Zufallsvariablen durch. Wählen Sie die nötigen Parameter beliebig. (set.seed(65535)) *vgl.* Abschn. 1.2.

Aufgabe 2.2.10 Erlang-Verteilung ✲ ✲ ✲ ✲ ✲ ✲
ℝ Gegeben seien n unabhängig und identisch ERLANG-verteilte Zufallsvariablen.

$$X_1, \ldots, X_n \overset{i.i.d}{\sim} \text{Erl}(\lambda, k), \quad k \in \mathbb{N} \setminus \{0\}, \lambda > 0$$

Veranschaulichen Sie in einer Simulationsstudie, dass der Schätzer $\hat{\lambda} = \frac{k}{\bar{x}}$ ein erwartungstreuer und schwach konsistenter Schätzer ist!

Wählen Sie für jeden der Simulationsdurchgänge den Parameter k zufällig aus dem Intervall $[1, 10]$ und wählen Sie $\lambda = 3$. Simulieren Sie die Zufallszahlen $N = 10^4$-mal

(Simulationswiederholungen). Erhöhen Sie den Stichprobenumfang n in vier Schritten, $n = (20, 50, 100, 500)$. Stellen Sie für alle n die ermittelten Schätzungen mithilfe eines Histogrammes dar! Zeichnen Sie alle Darstellungen in eine Grafik! Setzen Sie den Startwert auf set.seed(1020). *vgl.* Abschn. 1.2.

Hilfestellung: Nutzen Sie bei der Generierung der Zufallszahlen den Zusammenhang, dass die ERLANG-Verteilung eine GAMMA-Verteilung mit Parametern $r = k$ und $\lambda_G = 1/\lambda_E$ ist.

```
rgamma(n, shape = k, scale = 1 / lambda)
```

Aufgabe 2.2.11 Pareto-Verteilung ⊛ ⊛ ⊛
Im Risikocontrolling von Versicherungsgesellschaften spielt die Betrachtung von Versicherungsfällen mit sehr hohen Schadenssummen eine große Rolle.

Die Zufallsvariable X gebe die Schadenshöhe in Mio. € an, die eine bestimmte Mindesthöhe m überschreitet. Die dazugehörige Dichte f einer PARETO-Verteilung für die Parameter $k > 0$, $m > 0$ sei gegeben durch

$$f(x) = \begin{cases} \frac{k}{m}\left(\frac{m}{x}\right)^{k+1} & x \geq m \\ 0 & x < m \end{cases}$$

(a) Zeigen Sie, dass die dazugehörige Verteilungsfunktion

$$F(x) = 1 - \left(\frac{m}{x}\right)^k, \quad x \geq m$$

ist!

(b) Das Versicherungsunternehmen V interessiert sich für Versicherungsfälle, die 1 Mio. € überschreiten, somit ist $X \sim \mathrm{Par}(k = 1, m = 1)$. Bestimmen Sie die folgenden Wahrscheinlichkeiten
  i. $P(X \geq 1{,}5)$
  ii. $P(1 \leq X \leq 1{,}5)$
  iii. $P(1{,}5 < X < 4)$

(c) Bestimmen Sie den Erwartungswert von X für die Parameter $k > 1$ und $m > 0$!

Aufgabe 2.2.12 Laplace-Verteilung ⊛ ⊛
Eine mit $E(X) = 0$ LAPLACE-verteilte Zufallsvariable X hat die Dichtefunktion:

$$f(x) = \frac{1}{2\lambda}e^{-\frac{|x|}{\lambda}}, \quad x \in \mathbb{R}, \lambda > 0$$

(a) Zeigen Sie, dass f unabhängig von λ eine Dichtefunktion ist!
(b) Zeigen Sie, dass die dazugehörige Verteilungsfunktion

$$F(x) = \begin{cases} \frac{1}{2}e^{\frac{x}{\lambda}} & x \leq 0 \\ 1 - \frac{1}{2}e^{-\frac{x}{\lambda}} & x > 0 \end{cases}$$

ist!

2.3 Bivariate Zufallsgrößen

Aufgabe 2.3.1 Unabhängigkeit ❋ ❋
Sind die Zufallsvariablen X_1 und X_2 stochastisch unabhängig, wenn ihre Verteilungsfunktion

$$F(x_1, x_2) = \frac{1}{1 + e^{-x_1} + e^{-x_2} + e^{-x_1-x_2}}$$

ist?

Aufgabe 2.3.2 Portfolio ❋ ❋ ❋
Im Folgenden werde ein Portfolio bestehend aus zwei Aktien mit den relativen Anteilen ω und $(1 - \omega)$ betrachtet. Die Renditen R_1 und R_2 seien zweidimensional normalverteilt. Sei $E(R_1) = \mu_1$, $E(R_2) = \mu_2$, $\mathrm{Var}(R_1) = \sigma_1^2$, $\mathrm{Var}(R_2) = \sigma_2^2$ und $\mathrm{Corr}(R_1, R_2) = \rho$.

(a) Bestimmen Sie die erwartete Portfoliorendite R_P!
(b) Wie ist die Portfoliorendite R_P verteilt? Geben Sie auch die Parameter der Verteilung an.
(c) Bestimmen Sie für $\omega = 0{,}7$, $\mu_1 = 0{,}05$, $\mu_2 = 0{,}08$, $\sigma_1 = 0{,}06$ und $\sigma_2 = 0{,}1$ ein Intervall für die Portfoliostandardabweichung $\sqrt{\mathrm{Var}(R_P)}$!
(d) Welche der folgenden Aussage(n) ist(sind) bezüglich der Abb. 2.1 wahr?
　　☐ Es ist die Verteilungsfunktion einer zweidimensionalen Zufallsvariable dargestellt.
　　☐ Es ist die Verteilungsfunktion einer dreidimensionalen Zufallsvariable dargestellt.
　　☐ Es ist die Dichtefunktion einer zweidimensionalen Zufallsvariable dargestellt.
　　☐ Es ist die Dichtefunktion einer dreidimensionalen Zufallsvariable dargestellt.
　　☐ Es ist weder eine Verteilungs- noch eine Dichtefunktion dargestellt.

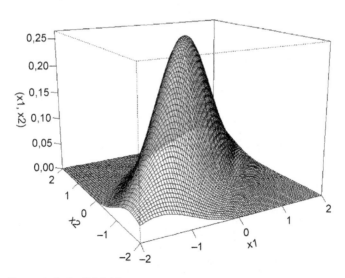

Abb. 2.1 Grafik zur Aufgabe 2.3.2 (d)

- [ ] Der Erwartungswert μ beträgt in etwa $0,25$.
- [ ] Der Erwartungswert $\mu = (\mu_1, \mu_2)$ ist $(0,0)$.
- [ ] Der Erwartungswert $\mu = (\mu_1, \mu_2)$ ist $(2,0)$.
- [ ] Der Erwartungswert $\mu = (\mu_1, \mu_2)$ ist $(0,2)$.
- [ ] Der Erwartungswert $\mu = (\mu_1, \mu_2)$ ist $(2,2)$.
- [ ] Der Erwartungswert ist in diesem Fall nicht definiert.
- [ ] Die Zufallsvariable ist diskret.
- [ ] Die Darstellung ist nicht sinnvoll, da sie nicht punktsymmetrisch um den Punkt $(0,0)$ ist.

(e) Sind die Zufallsvariablen in Abb. 2.1 korreliert? Wenn ja, treffen Sie die Aussage, ob es sich um eine positive oder negative Korrelation handelt. Begründen Sie!

(f) ® Erläutern Sie mit je einem Satz die Funktionen `plot` und `lines`!

(g) Die Verteilungsfunktion von (R_1, R_2) nimmt an der Stelle $(-0,01, -0,02)$ den Wert $0,159$ an. Was sagt dieser Wert aus?

(h) Im Folgenden soll vereinfacht angenommen werden, dass R_1 und R_2 standardnormalverteilt sind. Gegeben sind die Dichtefunktion von (R_1, R_2) sowie die Randdichtefunktion von R_1 und R_2.

$$f_{R_1, R_2}(r_1, r_2) = \frac{1}{2\pi \sqrt{1 - \rho^2}} \exp\left(-\frac{r_1^2 - 2\rho r_1 r_2 + r_2^2}{2 \cdot (1 - \rho^2)}\right)$$

$$f_{R_1}(r_1) = \frac{1}{\sqrt{2\pi}} \exp\left(-\frac{r_1^2}{2}\right)$$

$$f_{R_2}(r_2) = \frac{1}{\sqrt{2\pi}} \exp\left(-\frac{r_2^2}{2}\right)$$

Zeigen Sie, dass die beiden Komponenten des Zufallsvektors $R = (R_1, R_2)$ nicht unabhängig sind!

(i) Bestimmen Sie die bedingte Dichte $f_{R_1|R_2}(r_1|r_2)$ für den Fall, dass $\rho = 0$ ist!

(j) Wie groß ist der Erwartungswert und die Varianz von R_1 aus Aufgabenteil (h)? *vgl.* Abschn. 2.2.

Aufgabe 2.3.3 Dichte einer zweidimensionalen normalverteilten Zufallsgröße
❋ ❋ ❋ ❋ ❋ ❋
® Sei der zweidimensionale Zufallsvektor (X_1, X_2) normalverteilt mit

$$f(x_1, x_2) = \frac{1}{2\pi \sigma_1 \sigma_2 \sqrt{1 - \rho^2}}$$
$$\exp\left[-\frac{1}{2(1-\rho^2)} \left\{\left(\frac{x_1 - \mu_1}{\sigma_1}\right)^2 - 2\rho \frac{(x_1 - \mu_1)}{\sigma_1} \frac{(x_2 - \mu_2)}{\sigma_2} + \left(\frac{x_2 - \mu_2}{\sigma_2}\right)^2\right\}\right]$$

Somit ist die marginalen Dichte (Randdichte) von X_1 und X_2 die Dichte der Normalverteilung mit den Parametern (μ_1, σ_1) für X_1 und (μ_2, σ_2) für X_2.

(a) Gehen Sie davon aus, dass $X_1, X_2 \sim N(0, 1)$ und $\rho = 0$. Zeichnen Sie die zwei-dimensionale Dichtefunktion mithilfe der Funktion (`persp`)! Stellen Sie die Dichte ebenfalls zweidimensional durch die Verwendung von Höhenlinien dar (`image` oder `contour`)!

(b) Ändern Sie die Parameter wie folgt: $X_1, X_2 \sim N(0, 1)$, $\rho = -0{,}8$ und $X_1 \sim N(0, 1)$, $X_2 \sim N(1, 3)$, $\rho = 0$. Analysieren Sie den Einfluss der Parameter auf die Lage und Streuung!

Hilfestellung: Definieren Sie sich zunächst eine Funktion, der Sie den Namen `normdens2d` zuweisen. Diese Funktion soll von den benötigten Parametern sowie dem Definitionsbereich von X_1 und X_2 abhängen (`normdens2d <- function( ... ) { ... }`). Die Parameter der Funktion sind in den runden Klammern zu definieren; der Code, den die Funktion ausführen soll, wird innerhalb der geschweiften Klammern geschrieben.

Die Funktion soll eine Matrix erzeugen, die für alle möglichen Kombinationen von X_1 und X_2 den entsprechenden Wert der zweidimensionalen Dichte der Normalverteilung enthält.

Induktive Statistik

3

3.1 Parameterschätzung

Aufgabe 3.1.1 Kinder pro Familie ⊛ ⊛ ⊛ ⊛

Nehmen Sie an, die Anzahl der Kinder X in einer Familie folgt der Wahrscheinlichkeits-funktion f_η, welche für $x \in \mathbb{N}$ als

$$f_\eta(x) = \begin{cases} \eta & x = 0 \\ \eta & x = 1 \\ 1 - 2\eta & x \geq 2 \end{cases}$$

definiert sei. Außerdem sei der Parameter $\eta \in (0, 0{,}5)$. Ermitteln Sie den Maximum-Likelihood-Schätzer für den Parameter η bezüglich der gegebenen Stichprobe $x = (x_1, \ldots, x_6) = (0, 3, 0, 1, 2, 2)$! Prüfen Sie auch die hinreichende Bedingung, bzw. die Bedingung zweiter Ordnung!

Aufgabe 3.1.2 Vitamine ⊛ ⊛ ⊛ ⊛ ⊛

Eine Unterversorgung von Cholecalciferol, bekannt als Vitamin D_3, stellt einen wesentlichen Risikofaktor für die Erkrankung an Bluthochdruck dar. Der Pharmakonzern P vertreibt ein Vitamin-D_3-Präparat zur Vorbeugung. Die Zufallsvariable X gebe an, ob eine Person an Bluthochdruck erkrankt, obwohl sie vorbeugend das Präparat genommen hat.

$$X = \begin{cases} 1 & \text{Patient erkrankt an Bluthochdruck} \\ 0 & \text{Patient erkrankt nicht an Bluthochdruck} \end{cases} \sim B(1, p = P(X = 1))$$

Der Pharmakonzern erhebt die Stichprobe $(x_1, \ldots, x_4) = (1, 1, 0, 1)$, wobei X_i unabhängig und $X_i \sim B(1, p)$ für alle $i = 1, \ldots, 4$ sei.

© Springer-Verlag GmbH Deutschland 2017
P. Otto, A.-L. Lange, *Arbeitsbuch der Angewandten Statistik*,
DOI 10.1007/978-3-662-49212-3_3

(a) Zunächst soll p mittels der Maximum-Likelihood-Methode bestimmt werden. Stellen Sie die Likelihood-Funktion für die Stichprobe $(x_1, \ldots, x_4)$ auf!

(b) Bestimmen Sie für p den Maximum-Likelihood-Schätzer! Überprüfen Sie auch die hinreichende Bedingung!

(c) Bestimmen Sie einen Schätzer für p mittels der Methode der kleinsten Fehlerquadrate! Überprüfen Sie auch die hinreichende Bedingung!

(d) Überprüfen Sie, ob $\bar{X}$ ein erwartungstreuer Schätzer für p ist!

(e) Zeigen Sie, dass der mittlere quadratische Fehler eines erwartungstreuen Schätzers gleich der Varianz des Schätzers ist!

(f) Geben Sie für $P(|X - p| \geq \varepsilon)$ die kleinste obere Schranke an! ($\varepsilon > 0$) *vgl.* Abschn. 2.2

(g) Zeigen Sie, dass $\bar{X}$ ein schwach konsistenter Schätzer für p ist.

Aufgabe 3.1.3 Weibull-Verteilung ❋ ❋ ❋ ❋

Eine stetige Zufallsvariable X genüge der WEIBULL-Verteilung mit der folgenden Dichtefunktion

$$f_\lambda(x) = \begin{cases} 2\lambda^2 x \exp(-(\lambda x)^2), & x \geq 0 \\ 0, & x < 0 \end{cases},$$

wobei $\lambda > 0$. Ermitteln Sie den Maximum-Likelihood-Schätzer für den Parameter λ bezüglich einer gegebenen Stichprobe $x_1, \ldots, x_n$! Prüfen Sie auch die hinreichende Bedingung, bzw. die Bedingung zweiter Ordnung!

Aufgabe 3.1.4 Log-Normalverteilung ❋ ❋ ❋ ❋

Die Dichtefunktion einer stetigen, logarithmisch normalverteilten Zufallsvariable X sei gegeben durch

$$f_\mu(x) = \begin{cases} \frac{1}{\sqrt{4\pi \cdot x}} \cdot e^{-\frac{(\ln x - \mu)^2}{4}}, & x > 0 \\ 0, & x \leq 0 \end{cases}$$

(a) Ermitteln Sie den Maximum-Likelihood-Schätzer für den Parameter μ bezüglich einer gegebenen Stichprobe $x_1, \ldots, x_n$!

(b) Wie groß ist der Maximum-Likelihood-Schätzwert, wenn sich aus einer gegebenen Stichprobe $\sum_{i=1}^{10} \ln(x_i) = \frac{20}{3}$ ergibt?

Aufgabe 3.1.5 Boolean Speedy ❋ ❋ ❋ ❋

Osterhase Speedy ist schon ganz „boolean", da er das erste Mal Ostern erlebt. Er springt nur noch vor (mit einer Wahrscheinlichkeit p) oder zurück (mit einer Wahrscheinlichkeit $1-p$). Sei die Richtung eines Sprung die BERNOULLI-verteilte Zufallsvariable $X \in \{0, 1\}$ mit der Wahrscheinlichkeitsfunktion f_p, das heißt

$$f_p(x) = p^x \cdot (1 - p)^{(1-x)},$$

wobei $p \in (0, 1)$.

(a) Ermitteln Sie den Maximum-Likelihood-Schätzer für den Parameter p bezüglich einer gegebenen Stichprobe $x_1, \ldots, x_n$!

(b) Der Erwartungswert und die Varianz der Zufallsvariablen X sind gegeben durch $E(X) = p$ und $\text{Var}(X) = p(1 - p)$. Zeigen Sie, dass der erhaltene Schätzer erwartungstreu und schwach konsistent ist!

Aufgabe 3.1.6 Allgemeine Herangehensweise für Parameterschätzung in R
✳ ✳ ✳ ✳ ✳ ✳

ℛ Simulieren Sie 100 Zufallsvariablen einer Exponentialverteilung ($\lambda = 5$). Bestimmen Sie den Schätzer $\hat{\lambda}$ mittels der Maximum-Likelihood-Methode. Wiederholen Sie die Schätzung 10^4-mal. Bestimmen Sie den Mittelwert sowie die Stichprobenstandardabweichung der Schätzungen. Setzen Sie den Startwert der Simulation auf 5! (set.seed).

Hinweis: Definieren Sie die Dichtefunktion der Exponentialverteilung (function) und minimieren Sie die negative log-Likelihood-Funktion (nlminb).

3.2 Konfidenzintervalle

Aufgabe 3.2.1 Papyrus ✳ ✳ ✳
Der Papierhersteller „Papyrus" möchte sein neues Produkt, ein farbiger DIN-A3 Karton, mit einem Gütesiegel zertifizieren lassen. Dieses fordert einen Titandioxidgehalt von $23{,}8\frac{\text{g}}{\text{m}^2}$ bei einer farbigen Papiersorte. Titandioxid wird zum optischen Aufhellen des Papiers eingesetzt.

Der Papierhersteller ermittelt anhand einer Tagesproduktion von 10.000 Blatt eine durchschnittliche Titandioxidmenge von $24{,}2\frac{\text{g}}{\text{m}^2}$, bei einer Stichprobenvarianz von $9{,}8\left(\frac{\text{g}}{\text{m}^2}\right)^2$. Die Titandioxidmenge sei normalverteilt.

(a) Bestimmen Sie ein 95 %-Konfidenzintervall für den Erwartungswert unter Verwendung der oben genannten Werte!

(b) Gehen Sie davon aus, dass die wahre Varianz bekannt und gleich $10\left(\frac{\text{g}}{\text{m}^2}\right)^2$ ist. Wie groß muss n gewählt werden, damit ein 99 %-Konfidenzintervall die Breite von $0{,}1\frac{\text{g}}{\text{m}^2}$ nicht überschreitet?

(c) Gegeben sei das Konfidenzintervall $[24{,}1734, 24{,}2266]$. Ermitteln Sie das Niveau α, welches diesem Konfidenzintervall unterstellt wurde! Es sei bekannt, dass die wahre Varianz von $10\left(\frac{\text{g}}{\text{m}^2}\right)^2$ und die Menge von $n = 10.000$ Blatt zur Ermittlung des Konfidenzintervalles genutzt wurden.

Aufgabe 3.2.2 Simulationsstudie Konfidenzintervalle ✳ ✳ ✳
ℛ Importieren Sie den Datensatz explosionen.csv.[1] Der Datensatz erfasst die Zeitintervalle (in Jahren) zwischen 1.329 Explosionen in Bergwerken. Diese Daten können als unabhängig und identisch exponentialverteilt angesehen werden.

---

[1] Die Daten können auf www.springer.com/de/book/9783662492116 heruntergeladen werden.

Schätzen Sie den Parameter λ anhand der vorliegenden Daten! Bestimmen Sie das asymptotische 95 %-Konfidenzintervall für λ mit

$$\mathrm{KI}_{1-\alpha} = \left[\frac{1}{\bar{X}} \left(1 - \frac{z_{1-\alpha/2}}{\sqrt{n}} \right), \; \frac{1}{\bar{X}} \left(1 + \frac{z_{1-\alpha/2}}{\sqrt{n}} \right) \right].$$

Veranschaulichen Sie anhand einer Simulationsstudie, dass der wahre Parameter mit einer Wahrscheinlichkeit von α außerhalb des Konfidenzintervalles liegt. Wählen Sie $N = 10^5$ Simulationswiederholungen mit je einem Stichprobenumfang von $n = 100$. Setzen Sie den Startwert auf `set.seed(5513)`.

Aufgabe 3.2.3 Frau Fischer ✳ ✳ ✳

Frau Fischer möchte am Donnerstag Abend zur Klausureinsicht gehen. Von ihren Kommilitonen hat sie erfahren, dass mit sehr langen Wartezeiten zu rechnen ist, und überlegt nun, wie viel Verpflegung sie mitnehmen soll.

Die 10 befragten Kommilitonen haben in der letzten Woche durchschnittlich 3,5 h gewartet. Nehmen Sie im Folgenden an, dass die Wartezeit normalverteilt ist.

(a) Die Standardabweichung der Wartezeit sei mit 60 min bekannt. Bestimmen Sie ein 95 %-Konfidenzintervall für die Zeit, die Frau Fischer warten muss!

(b) Bei einer Wartezeit von 4 h würde sich Frau Fischer ein großes Verpflegungspaket mitnehmen. Ist die Wartezeit signifikant ($\alpha = 5\,\%$) von 4 h verschieden? Treffen Sie die Entscheidung anhand Ihres Konfidenzintervalls in Aufgabenteil (a). Begründen Sie in einem Satz!

(c) Mit welcher Wahrscheinlichkeit liegt die Wartezeit, die Frau Fischer erwarten kann, in dem ermittelten Intervall aus Aufgabenteil (a)?

(d) Wie viele Kommilitonen müssen befragt werden, damit das 95 %-Konfidenzintervall für die Wartezeit die Breite von 1 h nicht überschreitet?

(e) Die Standardabweichung sei nicht bekannt und wird anhand der Stichprobenstandardabweichung auf 45 min geschätzt. Bestimmen Sie ein 95 %-Konfidenzintervall für die Wartezeit!

Aufgabe 3.2.4 Zu bequem ✳ ✳ ✳

Der Reiseveranstalter „Bequem-Touristik" möchte einen neuen Katalog für Reisen nach Spanien erstellen. Da dem Mitarbeiter die Preisanfrage bei den einzelnen Hotels zu mühsam ist, erstellt er die Preise als unabhängig, normalverteilte Zufallszahlen. Der äußerst bequeme Chef überprüft nur die 25 ersten Angebote, bevor er den Katalog drucken lässt. Dabei ergibt sich ein Durchschnittspreis von 123,20 Euro pro Übernachtung bei einer Stichprobenstandardabweichung von 13,80 Euro pro Übernachtung.

(a) Bestimmen Sie anhand dieser Informationen ein 95 %-Konfidenzintervall für den Preis, den ein Kunde bei dem Reiseveranstalter erwarten kann!

(b) Mit welcher Wahrscheinlichkeit liegt der zu erwartende Preis nicht im Konfidenzintervall aus Aufgabenteil (a)?

(c) Dem Chef sind diese Angaben zu unsicher. Er möchte ein 95 %-Konfidenzintervall, bei dem sich die obere und untere Grenze um nicht mehr als 80 ct unterscheiden. Er geht davon aus, dass die wahre Standardabweichung gleich der obigen geschätzten Stichprobenstandardabweichung ist. Wie viele Angebote müsste er untersuchen, um die Anforderungen an die Breite zu erfüllen?

(d) Der Mitarbeiter sagt dem Chef letztlich, dass er eine wahre Standardabweichung von 15 Euro pro Übernachtung gewählt hat. Bestimmen Sie mit dieser neuen Information ein 99 %-Konfidenzintervall für den erwarteten Preis!

3.3 Signifikanztests

3.3.1 Einstichprobentests

Aufgabe 3.3.1 Telefonieren am Steuer I ⊛ ⊛ ⊛

ℛ Für eine Untersuchung zur Ablenkung im Straßenverkehr wurde die Reaktionszeit von telefonierenden Autofahrern gemessen. In der Datei `Autofahrer.csv`[2] finden Sie das Ergebnis dieser Studie gemessen in Millisekunden. Es ist davon auszugehen, dass die Reaktionszeit normalverteilt ist.

(a) Importieren Sie den Datensatz mit Hilfe der Funktion `read.csv`.

(b) Bestimmen Sie den Stichprobenumfang, den Mittelwert sowie die Stichprobenstandardabweichung.

(c) Überprüfen Sie zu einem Signifikanzniveau von 5 %, dass die Reaktionszeit 730 ms nicht überschreitet! Vermeiden Sie zunächst die Verwendung der Funktion `t.test`.

(d) Bei welchem Niveau α wird die unter (a) betrachtete Hypothese noch abgelehnt? Hinweis: p-Wert

(e) Wie groß ist die Wahrscheinlichkeit, dass der obige Test die Nullhypothese verwirft, wenn die wahre Reaktionszeit bei 726 ms liegt? Gehen Sie davon aus, dass die wahre Varianz bekannt und gleich der Stichprobenvarianz ist. Interpretieren Sie den erhaltenen Wert!

Aufgabe 3.3.2 Telefonieren am Steuer II ⊛ ⊛ ⊛

Für eine Untersuchung zur Ablenkung im Straßenverkehr wurde die Reaktionszeit von telefonierenden Autofahrern gemessen. Bei 20 untersuchten Personen betrug die durchschnittliche Reaktionszeit 718 ms, bei einer Stichprobenvarianz von 534 $(ms)^2$. Es ist davon auszugehen, dass die Reaktionszeit normalverteilt ist.

(a) Überprüfen Sie zu einem Signifikanzniveau von 5 %, dass die Reaktionszeit 730 ms nicht überschreitet.

---

[2] Die Daten können auf www.springer.com/de/book/9783662492116 heruntergeladen werden.

(b) Wie groß ist die Wahrscheinlichkeit, dass der obige Test die Nullhypothese verwirft,
     wenn die wahre Reaktionszeit bei 726 ms liegt? Gehen Sie davon aus, dass die Varianz
     bekannt und gleich 550 $(ms)^2$ ist. Interpretieren Sie den erhaltenen Wert!

Aufgabe 3.3.3 Sachsen vs. Schwaben ✲ ✲ ✲ ✲

Ein Sachse versteht in Schwaben nur jedes dritte Wort.

Für eine statistische Untersuchung soll angenommen werden, dass das Verständnis eines Wortes unabhängig und identisch verteilt ist. Der Mitarbeiter O aus Sachsen wurde
gebeten, in dem folgenden Satz die Wörter zu markieren, die er versteht.

> „**Wenn Sie** weidrhin **in ihrer** Zeidung **solche** Schwabawitzla druckad, **dann** isch es **aber die**
> lengschde Zeid gwää, **dass ich mir ihr** Zeidung ausleih! Noi!"

(a) Überprüfen Sie anhand eines statistischen Tests, ob Mitarbeiter O schwäbisch besser
     als der sächsische Landesdurchschnitt versteht ($\alpha = 0{,}05$)!
(b) Wie viele Wörter muss der Text haben, damit ein Test zum Signifikanzniveau $\alpha =
     0{,}01$ nachweisen kann, dass Mitarbeiter O schwäbisch besser als der sächsische Lan-
     desdurchschnitt versteht? Gehen Sie davon aus, dass er den gleichen Anteil von Wör-
     tern verstehen wird.
(c) Bestimmen Sie die Wahrscheinlichkeit für den Fehler zweiter Art für den Test unter
     (a), wenn O genau 40 % der schwäbischen Wörter versteht!

Aufgabe 3.3.4 Sonntagsfrage ✲ ✲ ✲ ✲

⌨ In der forsa-Umfrage (forsa Gesellschaft für Sozialforschung und statistische Analyse
mbH) werden jede Woche zufällig ausgewählte deutsche Bürger befragt, was Sie wählen
würden, *wenn am nächsten Sonntag Bundestagswahl wäre*. Am 30.10.2012 wurden 2.501
Personen gefragt. Das Ergebnis der Umfrage ist in der Datei `Sonntagsfrage.csv`[3] in
der ersten Spalte gegeben.

Nehmen Sie an, Sie hätten ebenfalls das Alter der Befragten zur Verfügung.

(a) Überprüfen Sie, ob das Wahlergebnis der CDU/CSU drei Wochen nach der Bundes-
     tagswahl 2013 signifikant von dem Wahlergebnis abweicht (41,5 %)!
(b) Unterteilen Sie die Befragten in zwei Kategorien: CDU/CSU-Wähler und restliche
     Wähler. Überprüfen Sie, ob sich das Alter der befragten Personen signifikant unter-
     scheidet! *vgl.* Abschn. 3.3.2

Aufgabe 3.3.5 Zuckergehalt in Fruchtsäften ✲ ✲ ✲

Übersteigt die Zuckermenge in Fruchtsäften einen bestimmten Sollwert μ_0 darf dieser
nicht mehr als „reiner Fruchtsaft" verkauft werden. Die Aufsichtsbehörde kontrolliert re-
gelmäßig die Zuckermenge von Fruchtsäften in statistischen Untersuchungen. Die Zuckermenge sei normalverteilt mit einer Standardabweichung von 4 g.

---

[3] Die Daten können auf www.springer.com/de/book/9783662492116 heruntergeladen werden.

(a) Formulieren Sie die Hypothesen zu einem Test, welcher eine Überschreitung des Sollwerts nachweisen soll!
(b) Bestimmen Sie die Gütefunktion für das Testproblem unter (a)!
(c) Wie groß muss der Stichprobenumfang gewählt werden, dass ein statistischer Test
zum Signifikanzniveau von $\alpha = 5\%$ eine Überschreitung des Sollwerts in Höhe von
1 g mit einer Wahrscheinlichkeit von mindestens 97,5 % aufdeckt?

Aufgabe 3.3.6 Stromerzeuger und Marktführer ✹ ✹ ✹ ✹
ℝ Importieren Sie den Datensatz `market_share.csv` und `market_size.csv`.[4]
Die Datensätze erfassen den Marktanteil des größten Stromerzeuger (in %) sowie die Ge-
samtmenge der erzeugten Energie (in Gigawattstunde GWh) der 28 Mitgliedsstaaten der
EU für 1999–2010.

Gehen Sie davon aus, dass die Stromproduktion und -lieferung pro GWh in den einzelnen Ländern unabhängig voneinander erfolgt. Für die Beantwortung der folgenden Frage
bestimmen Sie die gesamte produzierte Menge des Marktführers und vergleichen Sie diese mit der gesamten produzierten Menge, um den Anteil des Marktführers pro GWh zu
untersuchen.

Überprüfen Sie, ob mit einer Wahrscheinlichkeit von mehr als 43 % eine GWh Strom
im Jahr 2010 in einem EU-Haushalt vom marktgrößten Erzeuger stammt! Hinweis:
`prop.test` oder `binom.test`

Aufgabe 3.3.7 Sonne im Osten Deutschlands ✹ ✹ ✹
In Deutschland scheint mit einer Wahrscheinlichkeit von 65 % an einem bestimmten Tag
die Sonne.

In den letzten fünf Jahren wurden die Sonnentage auch in Frankfurt (Oder) gezählt und
man erhielt 1.241 von 1.825 Tagen. Gehen Sie davon aus, dass jeden Tag unabhängig von
den vergangenen Tagen die Sonne mit einer bestimmten, konstanten Wahrscheinlichkeit
scheint.

(a) Überprüfen Sie anhand eines statistischen Tests zum Signifikanzniveau von $\alpha = 5\%$,
ob in Frankfurt (Oder) häufiger die Sonne als in Gesamtdeutschland scheint!
(b) Bei welchem Niveau α wird die unter (a) betrachtete Hypothese noch abgelehnt?
Hinweis: p-Wert
(c) Gehen Sie davon aus, dass der Heilige Petrus Ihnen mitgeteilt hat, dass er Frankfurt
(Oder) nur 230 Sonnentage pro Jahr gönnt. Das soll einer Wahrscheinlichkeit von
63 % entsprechen, an einem bestimmten Tag Sonnenschein zu haben. Mit welcher
Wahrscheinlichkeit wird die Nullhypothese in diesem Fall abgelehnt? Interpretieren
Sie den erhaltenen Wert!
Hinweis: Gehen Sie davon aus, dass $\hat{p} \overset{\text{approx.}}{\sim} N\left(p, \frac{p(1-p)}{n}\right)$ gilt.

---

[4] Quelle: EuroStat. Die Daten können auf www.springer.com/de/book/9783662492116 heruntergeladen werden.

Aufgabe 3.3.8 Polnischer Aktienmarkt ✸ ✸

In einer statistischen Untersuchung soll der polnische Aktienmarkt analysiert werden. Dazu wurden die Renditen des polnischen Aktienindex „Warszawski Indeks Giełdowy" betrachtet.

Es soll das Risiko des Marktes untersucht werden. Als Maßzahl soll hierbei die Varianz der Renditen dienen. Aus einem Datensatz mit dem Stichprobenumfang von $n = 6$ erhält man die Stichprobenstandardabweichung $s = 1{,}165$.

(a) Formulieren Sie die Hypothesen für einen Test, der widerlegen soll, dass die Streuung der Renditen gleich 1 ist.

(b) Berechnen Sie die Teststatistik!

(c) Wie ist die Teststatistik unter der Nullhypothese verteilt? Welche der nachfolgenden Grafiken stellt die dazugehörige Dichte dar?

    i. ☐

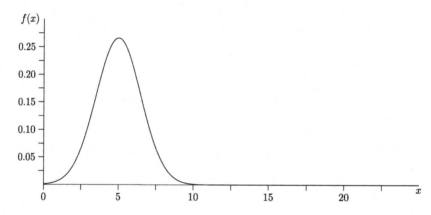

    ii. ☐

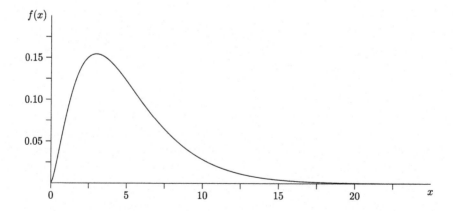

iii. □

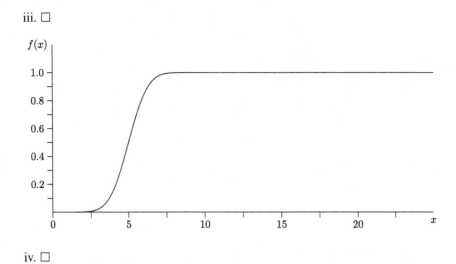

iv. □

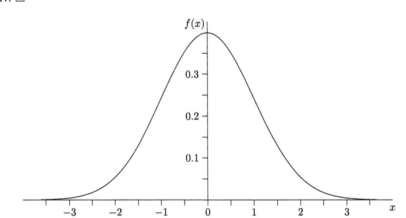

(d) Innerhalb welches Bereiches wird die Nullhypothese nicht abgelehnt ($\alpha = 0{,}05$)? Zeichnen Sie diese Bereich in die entsprechende obige Grafik!

(e) Formulieren Sie die Testentscheidung! Interpretieren Sie diese!

(f) Gegeben ist die grafische Darstellung der Gütefunktion zum obigen Testproblem. Welche Wahrscheinlichkeit gibt die Gütefunktion an der Stelle $\sigma^2 = 1$ an?

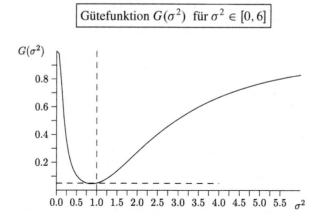

(g) Bestimmen Sie graphisch die Wahrscheinlichkeit für den Fehler zweiter Art, wenn die wahre Varianz σ^2 gleich 3,5 ist!

(h) An der Stelle $\sigma^2 = 4$ nimmt die Gütefunktion den Wert 0,669 an. Wie ist dieser Wert zu interpretieren?

(i) Skizzieren in der obigen Grafik den möglichen Verlauf der Gütefunktion eines Tests, der bei gleichem Niveau α eine Abweichung von der wahren Varianz mit größerer Wahrscheinlichkeit aufdeckt!

Aufgabe 3.3.9 Marie-Luises Sandburgen ✳ ✳

Die kleine Marie-Luise passt in der Schule, insbesondere im Mathematik- und Physik-unterricht, immer sehr gut auf. Sie hat gehört, dass Sandburgen mit einem Durchmesser von 20 cm maximal 2,50 m hoch gebaut werden können. Im Urlaub baute Marie-Luise über 100 Sandburgen. Leider konnte sie nur 46 Sandburgen vermessen. Diese hatten eine durchschnittliche Höhe von 1,52 m. Aus ihren Messungen schätzte Marie eine Stich-probenvarianz von 0,16 m². Nehmen Sie an, die Höhe der Sandburgen sei normalver-teilt.

(a) Als Marie-Luise wieder in die Schule geht, behauptet sie, dass ihre Sandburgen höher als sie selbst waren. Sie ist 1,48 m groß. Überprüfen Sie ihre Aussage mit Hilfe eines geeigneten Tests für $\alpha = 0{,}05$!

(b) Bestimmen Sie die entsprechende Gütefunktion dieses Testproblems! Nehmen Sie an, dass die wahre Standardabweichung $\sigma = 0{,}5$ m bekannt ist.

(c) Nehmen Sie an, Sie kennen die wahre erwartete Höhe $\mu = 1{,}50$ m der gebauten Sandburgen. Ermitteln und interpretieren Sie die Wahrscheinlichkeit, mit der Sie in diesem Fall die falsche Testentscheidung im Aufgabenteil (a) getroffen hätten!

Aufgabe 3.3.10 Plagiatsprüfer ❀ ❀

Der Plagiatsprüfer A kann ein Plagiat bei englischen und mathematischen Dissertationen nur schwer nachweisen. Unter den letzten 30 geprüften mathematischen Dissertationen konnte A 9 Dissertationen ein Plagiat nachweisen. Die einzelnen Überprüfungen seien unabhängig und identisch verteilt. Hinweis: Gehen Sie davon aus, dass $\hat{p} \overset{\text{approx.}}{\sim} N\left(p, \frac{p(1-p)}{n}\right)$ gilt.

(a) Überprüfen Sie zu einem Signifikanzniveau von $\alpha = 5\%$, ob er mit einer Wahrscheinlichkeit von mehr als 20 % ein Plagiat nachweisen kann?

(b) Wie viele Dissertationen muss er mindestens prüfen, damit der Test unter (a) das gewünschte Ergebnis bringt? Gehen Sie dabei davon aus, dass er weiterhin dem gleichen Anteil an Dissertationen ein Plagiat nachweisen kann.

(c) Für die tatsächliche Wahrscheinlichkeit p_1 ist die Gütefunktion G zum obigen Test gegeben.

$$G(p_1) = P(\text{„}H_0 \text{ ablehnen"} \,|\, H_1\colon p = p_1)$$

$$\approx 1 - \Phi\left(\frac{p_0 - p_1}{\sqrt{p_1(1 - p_1)}}\sqrt{n} + \frac{\sqrt{p_0(1 - p_0)}}{\sqrt{p_1(1 - p_1)}}z_{1-\alpha}\right)$$

 i. Bestimmen Sie die Wahrscheinlichkeit für den Fehler zweiter Art, wenn die wahre Wahrscheinlichkeit 25 % beträgt!

 ii. Für $p_1 = 0{,}15$ nimmt die Gütefunktion den Wert 0,003 an. Interpretieren Sie den Wert!

Aufgabe 3.3.11 Volkskrankheit Bluthochdruck ❀ ❀ ❀

Eine Unterversorgung von Cholecalciferol, bekannt als Vitamin D_3, stellt einen wesentlichen Risikofaktor für die Erkrankung an Bluthochdruck dar. Der Pharmakonzern P vertreibt ein Vitamin-D_3-Präparat zur Vorbeugung. Die Zufallsvariable X gebe an, ob eine Person auf das Medikament anspricht.

$$X = \begin{cases} 1 & \text{falls das Medikament anspricht} \\ 0 & \text{sonst} \end{cases} \sim B(1, p),\ p = P(X = 1)$$

Der Pharmakonzern erhebt die Stichprobe $(x_1, \ldots, x_{10}) = (1, 1, 0, 1, 1, 0, 0, 1, 1, 1)$, wobei X_i unabhängig und $X_i \sim B(1, p)$ für alle $i = 1, \ldots, 10$ sei.

Das Problem besteht in der Überprüfung, ob das Medikament in mehr als 50 % der Fälle an anspricht?

(a) Nennen Sie zunächst drei Disziplinen der induktiven Statistik! Geben Sie jeweils ein Beispiel an!

(b) Formulieren Sie die Hypothesen für einen Test, der überprüfen soll, ob das Medikament in mehr als 50 % der Fälle anspricht!

(c) Welcher Test ist anzuwenden? Begründen Sie Ihre Antwort in einem Satz!

(d) Bestimmen Sie die Teststatistik für dieses Testproblem!

(e) Nachfolgend sei die Verteilungsfunktion F der Binomialverteilung für $n = 10$ und $p \in \{0{,}5, 0{,}9, 0{,}95, 0{,}99\}$ gegeben. Ergänzen Sie in der Tabelle den fehlenden Eintrag und bestimmen Sie den kritischen Wert für den obigen Test! Hinweis: $F(m) = P(X \leq m)$. *vgl.* Abschn. 2.2

$F(m)$	m										
	0	1	2	3	4	5	6	7	8	9	10
p 0,5	0,0010	0,0107	0,0547		0,3770	0,6230	0,8281	0,9453	0,9893	0,9990	1,0000
0,9	0,0000	0,0000	0,0000	0,0000	0,0001	0,0016	0,0128	0,0702	0,2639	0,6513	1,0000
0,95	0,0000	0,0000	0,0000	0,0000	0,0000	0,0001	0,0010	0,0115	0,0861	0,4013	1,0000
0,99	0,0000	0,0000	0,0000	0,0000	0,0000	0,0000	0,0000	0,0001	0,0043	0,0956	1,0000
$1 - F(m)$											
p 0,5	0,9990	0,9893	0,9453	0,8281	0,6230	0,3770		0,0547	0,0107	0,0010	0,0000
0,9	1,0000	1,0000	1,0000	1,0000	0,9999	0,9984	0,9872	0,9298	0,7361	0,3487	0,0000
0,95	1,0000	1,0000	1,0000	1,0000	1,0000	0,9999	0,9990	0,9885	0,9139	0,5987	0,0000
0,99	1,0000	1,0000	1,0000	1,0000	1,0000	1,0000	1,0000	0,9999	0,9957	0,9044	0,0000

(f) Treffen und interpretieren Sie die Testentscheidung!

(g) Ein Maß für die Güte eines statistischen Tests ist die Gütefunktion (power function). Erläutern Sie in eigenen Worten, was eine Gütefunktion ist und was sie angibt!

(h) Erläutern Sie kurz die Begriffe „Fehler 1. Art" und „Fehler 2. Art"!

(i) Welche Art des Fehlers kann möglicherweise auftreten, wenn das Medikament bei 70 % ($p = 0{,}7$) der Patienten tatsächlich wirkt?

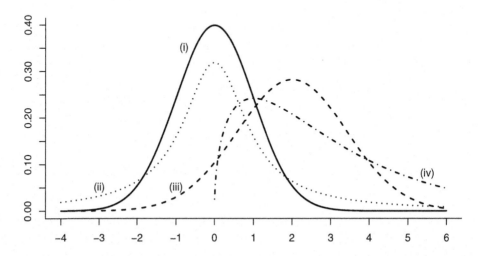

Abb. 3.1 Grafik zur Aufgabe 3.3.11 (j)

(j) In der Abb. 3.1 sind vier Dichtefunktionen verschiedener Verteilungen gegeben. Ordnen Sie die vier Dichtefunktionen je einer der nachfolgend genannten Verteilungen zu! *vgl.* Abschn. 2.2
( ) Standardnormalverteilung
( ) Binomialverteilung mit $n = 10$ und $p = 0,8$
( ) Student'sche t-Verteilung mit einem Freiheitsgrad (CAUCHY-Verteilung)
( ) Hypergeometrische Verteilung mit $M = 5$, $N = 25$ und $n = 9$
( ) Poissonverteilung mit $\lambda = 0,2$
( ) χ^2-Verteilung mit 3 Freiheitsgraden
( ) Normalverteilung mit $\mu = 2$ und $\sigma^2 = 2$
( ) Exponentialverteilung mit $\lambda = 2$

Aufgabe 3.3.12 Übelkeit ⊛ ⊛ ⊛
Der exakte Binomialtest bereitet vielen Studenten Kopfschmerzen und Übelkeit. Eine Lerngruppe von 10 Personen möchte dieses Phänomen untersuchen. 7 Personen wurde nach intensivem Beschäftigen mit dem Binomialtest übel. Nehmen Sie an, dass die Übelkeit bei allen Studenten unabhängig voneinander auftritt und alle sich mit gleicher Wahrscheinlichkeit übergeben müssen.

(a) Zum Signifikanzniveau von $\alpha = 5\,\%$ soll überprüft werden, ob das Phänomen mit einer Wahrscheinlichkeit von mehr als 50 % auftritt.
(b) Bestimmen Sie die Gütefunktion für das Testproblem unter (a)!
(c) Bestimmen Sie die Wahrscheinlichkeit für den Fehler 1. Art, wenn die wahre Wahrscheinlichkeit 45 % beträgt!
(d) Skizzieren Sie die Gütefunktion und zeichnen Sie die nachfolgenden Werte in die Grafik!
    i. Für die wahre Wahrscheinlichkeit von $p = 0,4$ nimmt die Gütefunktion 0,002 an. Die Operationscharakteristik ist dementsprechend 0,998. Interpretieren Sie diesen Wert!
    ii. Nehmen Sie an, die wahre Wahrscheinlichkeit betrage 70 %. Bestimmen Sie grafisch und numerisch die Wahrscheinlichkeit, mit der Sie unter dieser Bedingung die falsche Testentscheidung treffen!
    iii. Für die wahre Wahrscheinlichkeit von $p = 0,73$ nimmt die Gütefunktion 0,2019 an. Interpretieren Sie diesen Wert!

Aufgabe 3.3.13 Gütefunktion ⊛ ⊛
Anhand einer zufälligen Stichprobe mit $n = 25$ Beobachtungen wurde die Stichprobenstandardabweichung von $s = 4,5\,g$ ermittelt. Die Standardabweichung der Zufallsgröße soll 4 g betragen. Es wird angenommen, dass es sich bei den ermittelten Werten um Realisationen einer normalverteilten Zufallsgröße handelt.

Untersuchen Sie, ob statistisch zum Niveau $\alpha = 0,05$ nachgewiesen werden kann, dass die tatsächliche Standardabweichung von 4 g überschritten wird!

Gegeben ist die grafische Darstellung der Gütefunktion für das obige Testproblem.

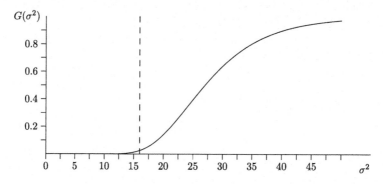

(a) Bestimmen Sie grafisch die Wahrscheinlichkeit für den Fehler 2. Art, wenn die wahre Standardabweichung $\sigma = 5$ g ist!

(b) Bestimmen Sie grafisch die Wahrscheinlichkeit für den Fehler 1. Art, wenn die wahre Standardabweichung $\sigma = 3$ g ist!

(c) Bestimmen Sie grafisch die Wahrscheinlichkeit für die richtige Testentscheidung, wenn die wahre Standardabweichung $\sigma = 6$ g ist!

Aufgabe 3.3.14 Die Hellseherei ⊛ ⊛ ⊛

In der Walachei, einer ehemaligen südlichen Region Rumäniens, beschäftigten sich die Einwohner häufig mit der Hellseherei. Auch in zentralen Regionen wie Transsilvanien war die Hellseherei beliebt. In einer Legende erzählt man von einer Wette zwischen zwei Hellsehern aus der Walachei und aus Transsilvanien. Sie wetteten, dass jeder von ihnen besser einen Münzwurf vorhersehen kann. Beide warfen die Münze je zehnmal unabhängig voneinander. Der erste Hellseher aus der Walachei sagte in 3 von 10 Fällen den Münzwurf richtig vorher. Der zweite aus Transsilvanien sagte dahingegen in 7 von 10 Fällen den Münzwurf richtig vorher.

(a) Überprüfen Sie für den Hellseher aus der Walachei, ob die Wahrscheinlichkeit für die richtige Vorhersage signifikant von 50 % abweicht! ($\alpha = 0,05$)

(b) Führen Sie den gleichen Test für den Hellseher aus Transsilvanien durch! ($\alpha = 0,05$)

(c) Bestimmen Sie die Wahrscheinlichkeit, mit welcher der Test die falsche Entscheidung trifft, wenn

i.   sie mit einer Wahrscheinlichkeit von 70 %

ii. sie mit einer Wahrscheinlichkeit von 30 %

iii. sie mit einer Wahrscheinlichkeit von 50 %

hellsehen können!

(d) Skizzieren Sie die Gütefunktion! (Rechenaufwendig – zu lösen mit MS Excel, Computer-Algebra-Systemen, R o. ä.)

3.3.2 Zweistichprobentest

Aufgabe 3.3.15 Europäischer Strommarkt ⊛ ⊛ ⊛ ⊛
® Importieren Sie den Datensatz `market_size.csv`.[5] Der Datensatz erfasst die Gesamtmenge der erzeugten Energie in GWh der 28 Mitgliedsstaaten der EU für 1999–2010.

Untersuchen Sie, ob es zwischen der produzierten Strommenge 1999 und der produzierten Strommenge in 2010 einen signifikanten Unterschied gibt!

Aufgabe 3.3.16 R-Fragen ⊛ ⊛ ⊛ ⊛
Beantworten Sie die nachfolgenden Fragen zu dem Output des R-Programms:

```
> ### Simulation ###
> set.seed(12241542)
> n <- 100
> a <- runif(n)
> b <- rnorm(n, mean = 0, sd = 1)
> c <- rt(n, df = 20)
> d <- rchisq(n, df = 10)
> ### deskriptive Maße ###
> summary(b)
    Min.  1st Qu.   Median     Mean  3rd Qu.     Max.
-2.02700 -0.58140 -0.05006  0.02267  0.63340  2.16300
> sd(b)
[1] 0.9482066
> t.test(b, mu = 0.2)

	One Sample t-test

data:  b
t = -1.8702, df = 99, p-value = 0.06441
alternative hypothesis: true mean is not equal to 0.2
95 percent confidence interval:
 -0.1654776  0.2108119
sample estimates:
 mean of x
0.02266719

> t.test(b, c)

	Welch Two Sample t-test

data:  b and c
t = 0.17907, df = 191.58, p-value = 0.8581
alternative hypothesis: true difference in means is not equal to 0
95 percent confidence interval:
 -0.2660744  0.3192097
sample estimates:
   mean of x     mean of y
 0.022667193 -0.003900479
```

---

[5] Quelle: EuroStat. Die Daten können auf www.springer.com/de/book/9783662492116 heruntergeladen werden.

```
40  > ?t.test
41  > ### Histogramme ###
42  > # Histogramm 1
43  > x <- seq(0,1,by=.0001)
44  > hist(a, prob = TRUE)
45  > lines(x, dunif(x), col = "red")
46  > # Histogramm 2
47  > x <- seq(-4,4,by=.0001)
48  > hist(b, prob = TRUE)
49  > lines(x, dnorm(x), col = "red", type = "l")
50  > # Histogramm 3
51  > hist(c, prob = TRUE)
52  > lines(x, dt(x,3), col = "red", type = "l")
53  > # Histogramm 4
54  > x <- seq(0,30,by=.0001)
55  > hist(d, prob = TRUE)
56  > lines(x, dchisq(x,10), col = "red", type = "l")
```

(a) Welche Länge haben die Vektoren a, b, c und d? Geben Sie die entsprechende Zeile im R-Code an!

(b) Wie groß sind der Mittelwert und die Stichprobenvarianz des Vektors b?

(c) Welcher Verteilung folgen die Beobachtungen des Vektors a?

(d) Stellen Sie die Hypothesen des in Zeile 14 durchgeführten Tests auf! Treffen Sie die Entscheidung zu einem Signifikanzniveau von $\alpha = 0{,}1$!

(e) Treffen und interpretieren Sie die Testentscheidung des Tests in Zeile 27!

(f) In den Zeilen 44, 48, 51 und 55 wird jeweils ein Histogramm der Vektoren a, b, c und d gezeichnet. Mit Hilfe welcher Zeile in R wurde das nachfolgende Histogramm in Abb. 3.2 erzeugt? Begründen Sie kurz Ihre Entscheidung! *vgl.* Abschn. 1.2

Abb. 3.2 Grafik zu den Aufgaben 3.3.15 (f) und (g)

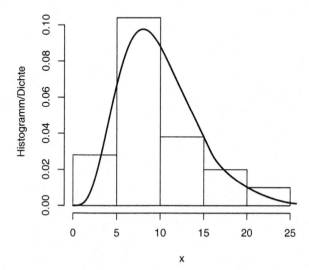

t.test {stats}   R Documentation

```
                              Student's t-Test

Description

Performs one and two sample t-tests on vectors of data.

Usage

t.test(x, ...)

## Default S3 method:
t.test(x, y = NULL,
       alternative = c("two.sided", "less", "greater"),
       mu = 0, paired = FALSE, var.equal = FALSE,
       conf.level = 0.95, ...)

## S3 method for class 'formula'
t.test(formula, data, subset, na.action, ...)

Arguments

   x
              a (non-empty) numeric vector of data values.

   y
              an optional (non-empty) numeric vector of data values.

   alternative
              a character string specifying the alternative hypothesis, must be one of "two.sided" (default), "greater" or "less". You can specify just the initial letter.

   mu
              a number indicating the true value of the mean (or difference in means if you are performing a two sample test).

   paired
              a logical indicating whether you want a paired t-test.

   var.equal
              a logical variable indicating whether to treat the two variances as being equal. If TRUE then the pooled variance is used to estimate the variance otherwise the
              Welch (or Satterthwaite) approximation to the degrees of freedom is used.

   conf.level
              confidence level of the interval.
```

R Core Team (2013). R: A language and environment for statistical computing. R Foundation for Statistical Computing, Vienna, Austria. ISBN 3-900051-07-0, http://www.R-project.org/

(g) Erläutern Sie, was die durchgezogene, dickgedruckte Linie in der Abb. 3.2 darstellt! *vgl.* Abschn. 2.2

(h) In Zeile 40 wird die Hilfe der Funktion `t.test` aufgerufen. Erläutern Sie die Verwendung der Argumente `paired` und `var.equal`! Geben Sie auch an, welche Werte diese Argumente annehmen können.

Geben Sie für die folgenden Problemstellungen die jeweilige Funktion in R an!

(i) Sie möchten sich das erste Element des Vektors a in der Konsole anzeigen lassen.

(j) Sie möchten einen Test auf die Gleichheit der Varianzen zweier Stichproben durchführen.

3.3.3 Tests für Zusammenhangsmaße

Aufgabe 3.3.17 Osterhase ✳ ✳ ✳ ✳

Überprüfen Sie, ob zwischen den beiden Variablen X (durchschnittliche Weite pro Sprung) und Y (Energiebedarf eines Osterhasens pro Tag) ein positiver, monotoner Zusammenhang besteht! Führen Sie einen geeigneten statistischen Test durch ($\alpha = 0{,}05$) und interpretieren Sie das Ergebnis!

Osterhase	Energiebedarf Y in kcal	Sprungweite X in cm
1	111,8	54
2	111,9	62
3	127,2	53
4	161,6	76
5	135,8	63
6	121,4	51
7	148,2	65
8	149,9	67
9	151,2	66
10	131,8	57
11	160,7	75
12	118,1	64

Aufgabe 3.3.18 go.green für ein besseres Umweltgefühl ✳ ✳ ✳ ✳

Eine Untersuchung der Marketingabteilung der Firma *go.green GmbH* sollte das „Umweltgefühl" der eigenen Mitarbeiter untersuchen. Es wurden insgesamt 45 Mitarbeiter befragt, wie viele Fahrräder (X) sich in deren Haushalt befinden sowie welche Farbe diese haben (Y). Bei der Farbe wurde nur unterschieden, ob die Fahrräder grün oder nicht grün sind. Eine Präferenzordnung lässt sich zwischen den Farben nicht herstellen.

Überprüfen Sie mit Hilfe eines geeigneten Tests, ob ein Zusammenhang zwischen der Anzahl der Fahrräder pro Haushalt und der Farbe der Fahrräder besteht ($\alpha = 0{,}05$)!

Die folgenden Daten wurden erhoben:

		Farbe (Y)		
		nicht-grün (0)	grün (1)	
Anzahl der	0	11	5	16
Fahrräder	1	9	7	16
(X)	2	4	9	13
		24	21	45

Aufgabe 3.3.19 Restaurantprüfer Senf ✳ ✳ ✳ ✳

Der Restaurantprüfer Senf führt eine Untersuchung zur Güte von Restaurants (in Sternen) X und deren durchschnittlichen Preis eines Hauptgerichtes (in Euro) Y durch. Dazu erhob er in der vergangenen Woche die folgende Stichprobe. Überprüfen Sie, ob ein Zusammenhang zwischen der Güte und dem Durchschnittspreis besteht ($\alpha = 5\,\%$)!

Güteklasse	★★	★	★★★	★	★★
Durchschnittspreis in Euro	21,54	17,80	25,02	19,68	20,89
Güteklasse	★	★	★★★	★	★★★★
Durchschnittspreis in Euro	12,00	15,22	33,21	20,00	35,80

3.4 Regressionsanalyse

Aufgabe 3.4.1 Energiebedarf von Leistungssportlern ❊ ❊ ❊ ❊
Man versuchte in einer empirischen Studie an einem Sportwissenschaftlichen Institut zu untersuchen, ob es einen linearen Zusammenhang zwischen den täglichen Energiebedarf und der täglichen Trainingsdauer bei Leistungssportlern gibt. Es wurde von 100 männlichen Athleten die tägliche Trainingsdauer in Stunden (erklärende Variable X) und die täglich benötigte Energie in Kilokalorien (Zielvariable Y) erfasst. Die zu untersuchenden Daten sind in der nachfolgenden Tabelle aufgeführt.

Athlet	Trainingsdauer in Stunden	Energiebedarf in Kilokalorien
1	3,75	2.727,31
2	5,00	2.688,80
3	7,25	2.896,61
$\vdots$	$\vdots$	$\vdots$
100	11,00	2.937,06

Daraus ergeben sich die Summen:

$$\sum_{i=1}^{100} x_i y_i = 1.947.179 \quad \sum_{i=1}^{100} x_i = 670,5 \quad \sum_{i=1}^{100} y_i = 283.349,2$$

$$\sum_{i=1}^{100} x_i^2 = 5.392,375 \quad \sum_{i=1}^{100} y_i^2 = 806.232.990 \quad \hat{\sigma}^2 = 8.855,199$$

(a) Angenommen, die erklärende Variable und die Zielvariable seien bivariat normalverteilt. Überprüfen Sie anhand eines geeigneten Tests, ob ein linearer Zusammenhang zwischen der Trainingsdauer eines Athleten und dem Energiebedarf besteht ($\alpha = 0,05$)! *vgl.* Abschn. 3.3.3

(b) Nehmen Sie weiterhin an, dass ein linearer Zusammenhang zwischen beiden Variablen besteht. Ermitteln Sie die entsprechende Regressionsgerade der hier durchgeführten Studie!

(c) Ermitteln Sie ein geeignetes Maß für die Modellgüte und interpretieren Sie dieses!

(d) Prognostizieren Sie den Energiebedarf eines Athleten, der täglich 6 Stunden trainiert!

(e) Überprüfen Sie anhand eines geeigneten Tests, ob der tägliche Energiebedarf eines Athleten ohne tägliches Training signifikant von 2.500 Kilokalorien abweicht ($\alpha = 0,01$)! Gehen Sie davon aus, dass die Fehlergröße normalverteilt ist.

Aufgabe 3.4.2 Osterhasen-Energiebedarf ❊ ❊ ❊ ❊ ❊
Jeder Osterhase springt bekanntlich unterschiedlich weit. Außerdem ist hinlänglich bekannt, dass Hasen, die weiter springen können, auch mehr Energie benötigen, also mehr Kraftfutter brauchen. Der Energiebedarf eines Osterhasens pro Tag (Zielvariable Y)

hängt also von der durchschnittlichen Weite pro Sprung (erklärende Variable X) und einem zufälligen Faktor ab. Die Energiemengen und Sprungweiten sind für verschiedene Osterhasen in folgender Tabelle aufgelistet:

Osterhase	Energiebedarf Y in kcal	Sprungweite X in cm
1	111,8	54
2	111,9	62
3	127,2	53
4	161,6	76
5	135,8	63
6	121,4	51
7	148,2	65
8	149,9	67
9	151,2	66
10	131,8	57
11	160,7	75
12	118,1	64

Daraus ergeben sich die Summen:

$$\sum_{i=1}^{12} x_i y_i = 103.524 \qquad \sum_{i=1}^{12} x_i = 753 \qquad \sum_{i=1}^{12} y_i = 1.629,6$$

$$\sum_{i=1}^{12} x_i^2 = 47.955 \qquad \sum_{i=1}^{12} y_i^2 = 224.932,9 \qquad \hat{\sigma}^2 = 135,5208$$

(a) Nehmen Sie im Folgenden an, dass ein linearer Zusammenhang zwischen beiden Variablen besteht. Ermitteln Sie die entsprechende Regressionsgerade für die hier durchgeführte Studie!

(b) Bestimmen und interpretieren Sie ein Maß für die Modellgüte!

(c) Osterhase Speedy springt mit einem Satz durchschnittlich 45 cm. Prognostizieren Sie Speedy's täglichen Energiebedarf!

(d) Bestimmen Sie das 95 %-Prognoseintervall für diese Prognose!

(e) Weisen Sie nach, dass die Sprungweite tatsächlich einen Einfluss auf den täglichen Energiebedarf hat ($\alpha = 0,05$)! Gehen Sie davon aus, dass die Fehlergröße normalverteilt ist.

Aufgabe 3.4.3 Regt das Fernsehprogramm auf? ✳ ✳ ✳ ✳

Laut der Studie des australischen „Baker IDI Heart and Diabetes Institute" soll das Risiko einer Herz-Kreislauferkrankung um 18 % je Stunde TV-Konsums ansteigen.

Der überaus engagierte Kevin-Pascal möchte das überprüfen und hat hierfür bei seinen Freunden die Lieblings-TV-Sendung, die tägliche TV-Konsumdauer (erklärende Variable X) in Stunden sowie den durchschnittlichen systolischen Blutdruck eines Tages

(Zielvariable Y) in mm Hg erfasst. Die erfassten Daten sind in der nachfolgenden Tabelle aufgeführt. Unterstellen Sie zwischen der TV-Konsumdauer und dem Blutdruck einen linearen Zusammenhang.

Freund	Lieblingssendung	TV-Konsum in h	Blutdruck in mm Hg
Paul	WWM	3,75	122,73
Jacqueline	GZSZ	5,00	118,88
Shania	IBES	7,25	139,66
$\vdots$	$\vdots$	$\vdots$	$\vdots$
Julia	GNT	11,00	143,71

$$\sum_{i=1}^{100} x_i y_i = 94.142,75 \quad \sum_{i=1}^{100} x_i = 670,5 \quad \sum_{i=1}^{100} y_i = 13.334,89$$

$$\sum_{i=1}^{100} x_i^2 = 5.392,375 \quad \sum_{i=1}^{100} y_i^2 = 1.811.847 \quad \hat{\sigma}^2 = 88,55771$$

(a) Angenommen, die erklärende Variable und die Zielvariable seien bivariat normalverteilt. Überprüfen Sie anhand eines geeigneten Tests, ob ein linearer Zusammenhang zwischen dem TV-Konsum und dem Blutdruck besteht ($\alpha = 0,05$)! *vgl.* Abschn. 3.3.3

(b) Ermitteln Sie die entsprechende Regressionsgerade der hier durchgeführten Studie!

(c) Ermitteln Sie ein geeignetes Maß für die Modellgüte und interpretieren Sie dieses!

(d) Überprüfen Sie, ob der tägliche TV-Konsum tatsächlich einen signifikanten Einfluss auf den Blutdruck hat ($\alpha = 0,01$)! Gehen Sie im Folgenden davon aus, dass die Fehlergröße normalverteilt ist.

(e) Kevin-Pascals Freundin ist TV-süchtig und schaut täglich 14 Stunden Fernsehen. Prognostizieren Sie den Blutdruck seiner Freundin!

(f) Überprüfen Sie anhand eines geeigneten Tests, ob der Blutdruck einer Person, welche kein TV schaut, signifikant von 100 mm Hg abweicht ($\alpha = 0,01$)!

Aufgabe 3.4.4 Klimawandel und Kanarienvögel ✻ ✻ ✻ ✻ ✻

Ⓡ In einer Studie des internationalen Kanarienvogelvereins wurde die Lautstärke des Vogelgesanges im Frühjahr 2015 untersucht. Vor allem sollte untersucht werden, ob der Klimawandel einen Einfluss auf den Vogelgesang hat. Hierzu wurden Wetterdaten (Tagestemperatur, Windgeschwindigkeit, Sonnenscheindauer) sowie die Lautstärke des Vogelgesangs an verschiedenen Tagen erfasst. Außerdem unterstellte man einen linearen Zusammenhang $y = \mathbf{X}\boldsymbol{\beta} + \boldsymbol{\varepsilon}$.

```
 1  > # Daten einlesen
 2  > Zwitschern <- read.csv("Zwitschern.csv", header = TRUE, sep = ";")
 3  > summary(Zwitschern)
 4        Lautst.            Temp.              Wind              Sonne
 5   Min.   : 21.89    Min.   : 8.927    Min.   : 0.008906    Min.   :0.07725
 6   1st Qu.: 50.13    1st Qu.:17.529    1st Qu.: 0.483409    1st Qu.:2.34164
 7   Median : 64.87    Median :20.570    Median : 1.128996    Median :3.75149
 8   Mean   : 64.22    Mean   :20.544    Mean   : 1.891715    Mean   :3.69234
 9   3rd Qu.: 81.40    3rd Qu.:23.458    3rd Qu.: 2.832446    3rd Qu.:5.40751
10   Max.   :118.03    Max.   :32.008    Max.   :11.039029    Max.   :6.97176
11  > # Analyse der Daten
12  > cor(Zwitschern, use = "all.obs", method = "pearson")
13          Lautst. Temp. Wind Sonne
14  Lautst.    1.00  0.29 0.00 -0.26
15  Temp.      0.29  1.00 0.16  0.08
16  Wind       0.00  0.16 1.00  0.18
17  Sonne     -0.26  0.08 0.18  1.00
18  > MLR <- lm(Zwitschern[,1] ~ Zwitschern[,2] + Zwitschern[,3] +
        Zwitschern[,4])
19  > summary.lm(MLR)
20
21  Call:
22  lm(formula = Zwitschern[, 1] ~ Zwitschern[, 2] + Zwitschern[,
23      3] + Zwitschern[, 4])
24
25  Residuals:
26      Min      1Q  Median      3Q     Max
27  -39.972 -12.658   0.561  11.545  64.681
28
29  Coefficients:
30                  Estimate Std. Error t value Pr(>|t|)
31  (Intercept)     45.40348    9.55219   4.753 7.03e-06 ***
32  Zwitschern[, 2]  1.43496    0.44068   X.XXX  0.00156 **
33  Zwitschern[, 3]  0.05887    1.01612   0.058  0.95392
34  Zwitschern[, 4] -2.91726    0.96415  -3.026  0.00318 **
35  ---
36  Residual standard error: 19.41 on 96 degrees of freedom
37  Multiple R-squared:  0.1634,   Adjusted R-squared:  0.1373
38  F-statistic:  6.25 on 3 and 96 DF,  p-value: 0.0006381
39
40  > AIC(MLR)
41  [1] 882.9091
42  > BIC(MLR)
43  [1] 895.935
44  > # Residuenueberpruefung
45  > plot(MLR$fitted, MLR$residuals, ylab = "Residuen", xlab = "Geschätzte
        Werte", main = "Residuenplot")
46  > ?t.test
47  > t.test(MLR$residuals, mu = 0, alternative = "two.sided")
48
```

```
49    One Sample t-test
50
51   data:  MLR$residuals
52   t = 0, df = 99, p-value = 1
53   alternative hypothesis: true mean is not equal to 0
54   95 percent confidence interval:
55    -3.793433  3.793433
56   sample estimates:
57       mean of x
58   5.551115e-17
59
60   > var.test(MLR$residuals, Zwitschern[,1], alternative = "less")
61
62     F test to compare two variances
63
64   data:  MLR$residuals and Zwitschern[, 1]
65   F = 0.8366, num df = 99, denom df = 99, p-value = 0.1881
66   alternative hypothesis: true ratio of variances is less than 1
67   95 percent confidence interval:
68    0.000000 1.166261
69   sample estimates:
70   ratio of variances
71            0.8365926
72
73   > # Weiteres Modell
74   > MLR2 <- lm(Zwitschern[,1] ~ Zwitschern[,2] + Zwitschern[,4])
75   > AIC(MLR2)
76   [1] 880.9126
77   > BIC(MLR2)
78   [1] 891.3333
```

(a) Welche Variablen weisen den stärksten positiven Zusammenhang auf? Begründen Sie! *vgl.* Abschn. 1.1.

(b) Welche Variable scheint keinen Einfluss auf die Lautstärke des Vogelgesangs zu haben? Begründen Sie kurz Ihre Entscheidung!

(c) Bestimmen Sie die fehlende Teststatistik in Zeile 32!

(d) Stellen Sie die Hypothesen des in Zeile 47 durchgeführten Tests auf! Treffen Sie die Entscheidung zu einem Signifikanzniveau $\alpha = 0{,}01$!

(e) Erläutern und interpretieren Sie die Testentscheidung des Tests in Zeile 47 in eigenen Worten!

(f) Welcher Test wird in Zeile 60 durchgeführt? Bestimmen Sie die Hypothesen!

(g) Welches der beiden Modelle (MLR/MLR2) ist bezüglich des Akaike-Informationskriteriums das bessere Modell zur Beschreibung des Vogelgesangs?

(h) Wie groß ist der Stichprobenumfang in der vorliegenden Studie? Nennen Sie die entsprechende Zeile im R-Code, welche Sie zur Lösung herangezogen haben!

(i) Was bezweckt Zeile 46 im R-Code?

Geben Sie für die folgenden Problemstellungen die jeweilige Funktion in R an!

(j) Sie möchten die erste Zeile des Datensatzes `Zwitschern` in der Konsole anzeigen lassen.

(k) Sie wollen die durchschnittliche Lautstärke des Vogelgesangs bestimmen.

(l) Sie sollen für den Vereinsvorsitzenden H. Bicht ein Histogramm der Sonnenschein-dauer zeichnen.

Klausurtraining

4

4.1 Verschiedene Aufgaben aller Gebiete

Aufgabe 4.1.1 Wartezeiten ⊛ ⊛ ⊛
Die Wartezeit W im Servicebetrieb „PiPi-Meißner" bis zur Ankunft eines Kunden in Minuten sei ERLANG-verteilt. Gegeben sei die dazugehörige Verteilungsfunktion F.

$$F(w) = 1 - e^{-\lambda w}(1 + \lambda w), \quad w \geq 0; \ \lambda \in \mathbb{R}$$

1. Zeigen Sie, dass die zugehörige Dichte $f(w) = \lambda^2 w e^{-\lambda w}$ ist!
2. Berechnen Sie unter der Annahme des Parameters $\lambda = 1$ folgende Wahrscheinlichkeiten:
   (a) die Wartezeit ist länger als 5 Minuten,
   (b) die Wartezeit liegt zwischen 1 und 3 Minuten,
   (c) die Wartezeit beträgt exakt 7 Minuten.
3. Für welche Parameter λ existiert der Erwartungswert von W^{-1} nicht!

Aufgabe 4.1.2 Zufallsgröße(n) ⊛ ⊛ ⊛ ⊛
Die Zufallsgröße X_i sei mit einem Erwartungswert von $E(X_i) = 500$ und einer Varianz von $\text{Var}(X_i) = 100$ für alle i unabhängig und identisch verteilt.

(a) Wie groß ist mindestens die Wahrscheinlichkeit, dass X_1 im Intervall $(475, 525)$ liegt? Geben Sie eine nicht-triviale untere Schranke an! *vgl.* Abschn. 2.2
(b) Wie groß ist die Wahrscheinlichkeit näherungsweise, dass die Summe $\sum_{i=1}^{60} X_i$ den Wert 30.030 übersteigt? *vgl.* Abschn. 2.2
(c) Nehmen Sie im Folgenden an, dass die Zufallsgröße normalverteilt ist. Wie groß ist in diesem Fall die Wahrscheinlichkeit, dass X_1 im Intervall $(475, 525)$ liegt? *vgl.* Abschn. 2.2
(d) Sie sind sich nicht sicher, ob der angegebene Erwartungswert und die Varianz von X_i korrekt sind. Überprüfen Sie diesen daher mit Hilfe einer Stichprobe.

© Springer-Verlag GmbH Deutschland 2017
P. Otto, A.-L. Lange, *Arbeitsbuch der Angewandten Statistik*,
DOI 10.1007/978-3-662-49212-3_4

Sei der Vektor $x = (x_1, \ldots, x_{100})'$ die Realisation dieser Stichprobe. Der Durchschnitt $\bar{x}$ beträgt 500,2 und die Stichprobenvarianz beträgt 153,76. Überprüfen Sie anhand eines statistischen Tests, ob der Erwartungswert von X signifikant von 502 abweicht ($\alpha = 0,05$)! Interpretieren Sie die Testentscheidung! *vgl.* Abschn. 3.3.1

(e) Nehmen Sie an, Sie haben eine weitere Stichprobe $y = (y_1, \ldots, y_{30})'$ einer Zufallsvariablen Y gegeben. Die Realisationen von Y seien ebenso unabhängig und identisch normalverteilt. Der Durchschnitt $\bar{y}$ beträgt 493. Die Varianz von X sei $\mathrm{Var}(X) = 100$ und die Varianz von Y beträgt $\mathrm{Var}(Y) = 200$. Weiterhin seien X und Y unabhängig. Überprüfen Sie, ob der Erwartungswert $E(Y)$ signifikant kleiner als der Erwartungswert $E(X)$ ist! Führen Sie einen geeigneten statistischen Test durch ($\alpha = 0,01$)!

(f) Bestimmen Sie den p-Wert für den Test in Aufgabenteil (e).

Aufgabe 4.1.3 Frühstück bei Paul ⊛

Am Morgen vor der Statistik-Klausur möchte Paul besonders nahrhaft frühstücken und vergleicht dazu die Nährwertangaben verschiedener Frühstücksflocken der Firma „Crispin".

Die Zufallsvariable X sei dabei der Nährwert in kcal, die Zufallsvariable Y sei die Füllmenge der Packung in g und die Zufallsvariable Z gebe an, ob es sich um ein „Light"-Produkt handelt. Ist es ein „Light"-Produkt, sei $Z = 1$, sonst $Z = 0$.

Nährwert	x_i	89	231	127	289	320	150	602
Füllmenge	y_i	100	250	250	500	100	500	1.000
Light	z_i	1	1	1	0	0	1	0
Nährwert	x_i	262	63	312	365	199	590	273
Füllmenge	y_i	250	500	500	250	500	1.000	500
Light	z_i	0	1	1	1	1	0	0

$$\sum_{i=1}^{14} x_i = 3.872; \quad \sum_{i=1}^{14} x_i^2 = 1.413.648; \quad \sum_{i=1}^{14} z_i = 8; \quad \sum_{i=1}^{14} z_i^2 = 8; \quad \sum_{i=1}^{14} x_i z_i = 1.536$$

(a) Bestimmen Sie den durchschnittlichen Nährwert sowie die empirische Varianz für X!

(b) Klassieren Sie die Daten für X in folgende Klassen:

$$K_1^X = [50, 300) \qquad K_2^X = [300, 650)$$

und bestimmen Sie den Mittelwert für klassierte Daten!

(c) Bestimmen Sie die Spannweite der Füllmenge Y!

(d) Zeichnen Sie die empirische Verteilungsfunktion für Y!

(e) Besteht zwischen den Nährwert der Früchstücksflocken und der Bezeichnung „Light"-Produkt ein Zusammenhang? Berechnen Sie ein geeignetes Zusammenhangsmaß und interpretieren Sie dieses! Hinweis: Nutzen Sie die Klasseneinteilung aus Aufgabenteil (b).

Aufgabe 4.1.4 Kirschkernweitspucken unter Matrosen ⊛

Die Matrosen Knut Knutsen und Peter Petersen lieben es, sich bei jedem Wetter an der Reeling ihres Schiffes beim Kirschkern-Weitspucken zu messen. Die erzielte Weite Y der beiden hängt dabei maßgeblich von der Windgeschwindigkeit X ab. Gegeben sei das Ergebnis der letzten Woche.

Windgeschwindigkeit in km/h	x_i	29,3	5,4	26,3	33,3	12,0	58,8	59,3
Weite in m	y_i	13,88	24,46	20,71	19,36	21,75	0,00	2,04

$$\sum_{i=1}^{7} x_i = 224{,}4\,; \quad \sum_{i=1}^{7} x_i^2 = 9.806{,}16\,; \quad \sum_{i=1}^{7} y_i = 102{,}20\,;$$

$$\sum_{i=1}^{7} y_i^2 = 2.071{,}884\,; \quad \sum_{i=1}^{7} x_i y_i = 2.110{,}101$$

(a) Bestimmen Sie die durchschnittliche Windgeschwindigkeit sowie die Stichproben-standardabweichung für X!

(b) Geben Sie für X und Y an, ob ein diskretes oder stetiges Merkmal vorliegt! Welches Skalenniveau liegt jeweils zugrunde?

(c) Stellen Sie die erzielte Weite Y graphisch in Form eines Box-Plots dar.

(d) Bestimmen Sie den MAD als robustes Streuungsmaß für die erzielten Weiten Y!

(e) Besteht zwischen der erzielten Weite und der Windgeschwindkeit ein linearer Zusammenhang? Berechnen Sie ein geeignetes Zusammenhangsmaß und interpretieren Sie dieses!

Aufgabe 4.1.5 Cholesterinspiegelsenkung ⊛ ⊛ ⊛ ⊛

Zur Untersuchung einer neuen Therapie zur Senkung des Cholesterinspiegels wurden die folgenden Daten erhoben. Gemessen wurde hierbei das durchschnittliche Gesamtcholesterin in mg/dl. Gegeben sind die Daten der Untersuchung sowie der R-Code, welcher zur Auswertung geschrieben wurde.

Proband	1	2	3	4	5	6	7	8	9	10
vor Behandlung (X)	223	259	248	220	287	191	229	270	245	201
nach Behandlung (Y)	220	244	243	211	299	170	210	276	252	189
Differenz d_i	3	15	5	9	−12	21	19	−6	−7	12

Daraus ergeben sich die folgenden Summen:

$$\sum_{i=1}^{10} x_i y_i = 559.562 \quad \sum_{i=1}^{10} x_i = 2.373 \quad \sum_{i=1}^{10} y_i = 2.314 \quad \sum_{i=1}^{10} x_i^2 = 571.331$$

$$\sum_{i=1}^{10} y_i^2 = 549.308 \quad \sum_{i=1}^{10} d_i = 59 \quad \sum_{i=1}^{10} d_i^2 = 1.515$$

```
Cholesterin.1 <- c(223, 259, 248, 220, 287, 191, 229, 270, 245, 201);
Cholesterin.2 <- c(220, 244, 243, 211, 299, 170, 210, 276, 252, 189);
var.test(Cholesterin.1, Cholesterin.2, ratio = 1, conf.level = 0.95);
```

```
data: Cholesterin.1 and Cholesterin.2
F = 0.5934, num df = 9, denom df = 9, p-value = 0.4489
alternative hypothesis: true ratio of variances is not equal to 1
95 percent confidence interval:
0.1474004 2.3891585
sample estimates:
ratio of variances
0.5934332
```

(a) Bestimmen Sie die Hypothesen des Tests, welcher in Zeile 3 durchgeführt wird!

(b) Der Code führt zu dem gegebenen Output in R. In welchem Intervall I muss das Signifikanzniveau α liegen, damit die Nullhypothese abgelehnt werden kann? Ist ein Signifikanzniveau $\alpha \in I$ als sinnvoll zu erachten? Begründen Sie!

(c) Welche Analysemethode sollte sinnvollerweise verwendet werden, um die Wirksamkeit der Therapie zur Senkung des Cholesterinspiegels zu überprüfen?

(d) Wie formuliert man die Hypothesen, um zu überprüfen, ob die Therapie sinnvoll ist? Erklären Sie die Auswahl der Hypothesen!

(e) Bestimmen Sie die durchschnittliche Differenz D!

(f) Ermitteln Sie die zugehörige Prüfgröße des durchzuführenden Tests!

(g) Ermitteln Sie den entsprechenden kritischen Wert für ein Signifikanzniveau $\alpha = 0,1$ bezogen auf den Test unter (a)!

(h) Treffen Sie abschließend eine Entscheidung für den Test unter (a) und interpretieren Sie diese!

(i) Für die erwartete Differenz D lässt sich aufgrund der Stichprobe ein einseitiges 90 %-Konfidenzintervall von $[0,9200295, \infty)$ ermitteln. Treffen Sie aufgrund dieser Information die Testentscheidung zum Testproblem in (d) für $\alpha = 0,1$! Begründen Sie!

(j) Nehmen Sie an, die Nullhypothese eines beliebigen Tests lässt sich zu einem Signifikanzniveau von $\alpha = 0,05$ ablehnen. Welche der nachfolgenden Aussage/Aussagen lässt/lassen sich mit Sicherheit treffen? Begründen Sie kurz.

☐ Die Nullhypothese lässt sich auch zu einem Signifikanzniveau von $\alpha = 0,01$ ablehnen.

Wenn ja, Begründung:

☐ Die Nullhypothese lässt sich auch zu einem Signifikanzniveau von $\alpha = 0,1$ ablehnen.

Wenn ja, Begründung:

☐ Die Nullhypothese kann zu einem Signifikanzniveau von $\alpha = 0,01$ nicht abgelehnt werden.

Wenn ja, Begründung:

☐ Die Nullhypothese kann zu einem Signifikanzniveau von $\alpha = 0{,}1$ nicht abgelehnt werden.

Wenn ja, Begründung:

Aufgabe 4.1.6 Wiederholung – Portfolio ⊛ ⊛ ⊛ ⊛

Im Folgenden werde ein Portfolio bestehend aus zwei Aktien mit den relativen Anteilen ω und $(1 - \omega)$ betrachtet. Die Renditen R_1 und R_2 seien zweidimensional normalverteilt. Sei $E(R_1) = \mu_1$, $E(R_2) = \mu_2$, $\text{Var}(R_1) = \sigma_1^2$, $\text{Var}(R_2) = \sigma_2^2$ und $\text{Corr}(R_1, R_2) = \rho$.

(a) Wie ist die Portfoliorendite R_P verteilt? Geben Sie auch die Parameter der Verteilung an.

(b) Welche der folgenden Aussage(n) ist/sind bezüglich der Abb. 4.1 wahr?

☐ Der Erwartungswert μ beträgt in etwa 0,25.

☐ Der Erwartungswert $\mu = (\mu_1, \mu_2)$ ist $(0, 0)$.

☐ Der Erwartungswert $\mu = (\mu_1, \mu_2)$ ist $(2, 0)$.

☐ Der Erwartungswert $\mu = (\mu_1, \mu_2)$ ist $(0, 2)$.

☐ Der Erwartungswert $\mu = (\mu_1, \mu_2)$ ist $(2, 2)$.

☐ Der Erwartungswert ist in diesem Fall nicht definiert.

☐ Es ist die Verteilungsfunktion einer zweidimensionalen Zufallsvariable dargestellt.

☐ Es ist die Verteilungsfunktion einer dreidimensionalen Zufallsvariable dargestellt.

☐ Es ist die Dichtefunktion einer zweidimensionalen Zufallsvariable dargestellt.

☐ Es ist die Dichtefunktion einer dreidimensionalen Zufallsvariable dargestellt.

☐ Es ist weder eine Verteilungs- noch eine Dichtefunktion.

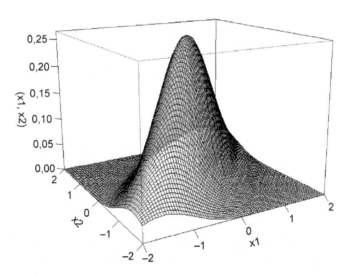

Abb. 4.1 Grafik zur Aufgabe 4.1.6 (b)

☐ Die Korrelation ρ der Zufallsvariablen ist größer als 0.

☐ Die Korrelation ρ der Zufallsvariablen ist kleiner als 0.

☐ Die Korrelation ρ der Zufallsvariablen ist gleich 0.

☐ Es lassen sich anhand der Abbildung keine Aussagen über die Korrelation ρ der Zufallsvariablen treffen.

☐ Die Zufallsvariable ist diskret.

☐ Die Darstellung ist nicht sinnvoll, da sie nicht punktsymmetrisch um den Punkt $(0,0)$ ist.

☐ Es handelt sich um eine Darstellung der Poissonverteilung.

☐ Es handelt sich um eine Darstellung der Exponentialverteilung.

(c) Gegeben ist eine Zufallsstichprobe der Renditen R_1 und R_2. Gehen Sie im Folgenden davon aus, dass die Renditen einer zweidimensionalen Normalverteilung folgen, Sie allerdings den Erwartungswert, die Varianz und die Korrelation nicht kennen. Die Zufallsstichprobe umfasst $n = 25$ Renditen mit $\bar{r}_1 = 0{,}11312$, $s_{r_1} = 0{,}004352$, $\bar{r}_2 = 0{,}17748$, $s_{r_2} = 0{,}005237$ und $\hat{\rho} = 0{,}46168$. Überprüfen Sie anhand eines statistischen Tests, ob ein linearer Zusammenhang zwischen den Variablen besteht ($\alpha = 0{,}05$)!

(d) Im Folgenden soll vereinfacht angenommen werden, dass R_1 und R_2 standardnormalverteilt sind. Gegeben sind die Dichtefunktion von (R_1, R_2) sowie die Randdichtefunktion von R_1 und R_2.

$$f_{R_1,R_2}(r_1, r_2) = \frac{1}{2\pi\sqrt{1-\rho^2}}\exp\left(-\frac{r_1^2 - 2\rho r_1 r_2 + r_2^2}{2\cdot(1-\rho^2)}\right)$$

$$f_{R_1}(r_1) = \frac{1}{\sqrt{2\pi}}\exp\left(-\frac{r_1^2}{2}\right)$$

$$f_{R_2}(r_2) = \frac{1}{\sqrt{2\pi}}\exp\left(-\frac{r_2^2}{2}\right)$$

Zeigen Sie, dass die beiden Komponenten des Zufallsvektors $R = (R_1, R_2)$ nicht unabhängig sind!

(e) Bestimmen Sie die bedingte Dichte $f_{R_1|R_2}(r_1|r_2)$ für den Fall, dass $\rho = 0$ ist!

(f) Wie groß ist der Erwartungswert und die Varianz von R_2 aus Aufgabenteil (d)!

Aufgabe 4.1.7 Blitzer ⊛ ⊛

Geschwindigkeitsmesser „Blitzer" müssen nach spätestens 730 ms auslösen, um verwertbare Ergebnisse zu liefern. Der Hersteller solcher Anlagen hat eine Tagesproduktion auf ihre Auslösezeit untersucht. Bei 20 untersuchten Geräten betrug die durchschnittliche Auslösezeit 718 ms, bei einer Stichprobenvarianz von 534 (ms)^2. Es ist davon auszugehen, dass die Auslösezeit normalverteilt ist. (Hinweis: ms – Millisekunden.)

(a) Überprüfen Sie zu einem Signifikanzniveau von 5 %, ob die Auslösezeit den geforderten Wert nicht überschreitet.

(b) Wie groß ist die Wahrscheinlichkeit, dass der obige Test die richtige Entscheidung trifft, wenn die wahre Auslösezeit bei 726 ms liegt? Gehen Sie davon aus, dass die Varianz bekannt und gleich 550 $(ms)^2$ ist.

4.2 Probeklausur I – Konzern der Wichtel

Die nachfolgende Probeklausur „Konzern der Wichtel" umfasst Aufgaben vom Schwierigkeitsgrad ✵ ✵ ✵ bis ✵ ✵ ✵ ✵ ✵. Die Klausur ist so konzipiert, dass die Aufgaben in 120 Minuten gelöst werden müssen. Nutzen Sie zur Lösung ausschließlich einen nicht-programmierbaren Taschenrechner sowie Tabellen der Quantile wichtiger Verteilungen, wie beispielsweise der Normal-, Student'schen t-Verteilung oder der χ^2-Verteilung. Sie können außerdem mehrere Seiten, auf welchen Sie sich die wichtigsten Formeln und Zusammenhänge notieren, zur Hilfe nehmen. Arbeiten Sie zügig, aber konzentriert! Um keine Hilfestellungen zu geben, wurde bei den folgenden Aufgaben bewusst auf Querverweise verzichtet. Viel Erfolg beim Lösen der Aufgaben!

Aufgabe 4.2.1 CFW Conrad
Chief-Financial-Wichtel Conrad (CFW) erstellt in diesem Jahr erst sehr spät die Finanzplanung für die diesjährigen Geschenke, die der Nikolaus bereits am Sonntag verteilen muss. Da ihm nur noch wenige Tage bleiben, dem Nikolaus das Gesamtbudget dieses Jahres mitzuteilen, entscheidet er sich das Budget empirisch zu schätzen. Das zur Verfügung stehende Budget (Zielvariable Y) hängt von der Anzahl der artigen Kinder (erklärende Variable X) und einem zufälligen Faktor ab. In den vergangenen 15 Jahren waren die Budgets wie folgt:

Jahr	Anzahl der artigen Kinder	Budget in 1.000 Euro
2000	687	16,42
2001	1.092	20,76
⋮	⋮	⋮
2014	1.798	36,19

Daraus ergeben sich die Summen:

$$\sum_{i=1}^{15} x_i y_i = 375.898,9 \quad \sum_{i=1}^{15} x_i = 15.757 \quad \sum_{i=1}^{15} y_i = 317,19$$

$$\sum_{i=1}^{15} x_i^2 = 20.176.911 \quad \sum_{i=1}^{15} y_i^2 = 8.224,391 \quad \hat{\sigma}^2 = 78,00325$$

(a) Bestimmen Sie ein Maß für den linearen Zusammenhang zwischen der erklärenden Variable X und der Zielvariablen Y! Überprüfen Sie, ob sich ein positiver Zusammenhang nachweisen lässt ($\alpha = 0{,}01$)! Nehmen Sie hierfür an, dass die Variablen bivariat normalverteilt sind.

(b) Nehmen Sie im folgenden an, dass ein linearer Zusammenhang zwischen beiden Variablen besteht. Ermitteln Sie die entsprechende Regressionsgerade für die hier durchgeführte Studie!

(c) Bestimmen und interpretieren Sie ein Maß für die Modellgüte!

(d) In diesem Jahr schätzt der Nikolaus, dass nur 500 Kinder artig waren. Prognostizieren Sie das diesjährige Gesamtbudget!

(e) Der CFW vermutet, dass die Anzahl der artigen Kinder keinen Einfluss auf das Gesamtbudget hat. Überprüfen Sie, ob unter der Normalverteilungsannahme diese Vermutung richtig ist ($\alpha = 0{,}05$)!

Aufgabe 4.2.2 Beladung eines Schlittens

Für die anstrengende Arbeit des Beladens der Schlitten des Nikolaus ist der Wichtel Horst zuständig. Zur einfacheren Beladung unterteilt er die Geschenke in zwei Größenklassen (S, M). Darüber hinaus hat der Nikolaus zwei verschiedene Schlittentypen, nämlich rote und weiße Schlitten. Auf jeden Schlitten können nur Geschenke einer Größenklasse geladen werden.

Horst hat mittlerweile bereits 100 Schlitten beladen. Die Hälfte aller Schlitten waren rote Schlitten. Von insgesamt 60 Schlitten, die mit Geschenken der Größe S beladen wurden, waren 20 rote Schlitten. Überprüfen Sie mit Hilfe eines geeigneten Tests, ob ein Zusammenhang zwischen der Größe der Geschenke und der Farbe des Schlittens besteht ($\alpha = 0{,}05$)!

Aufgabe 4.2.3 Mathewichtel Max

Zur Unterstützung des Wichtel-Vorstands arbeitet der Mathe-Wichtel Max. Zur Zeit hat er keine besondere Aufgabe und beschäftigt sich daher mit dem folgenden Problem:

Sei eine Zufallsvariable $X \in \mathbb{N}_0$ mit einer Wahrscheinlichkeitsfunktion f_λ POISSON-verteilt, das heißt

$$f_\lambda(x) = \frac{\lambda^x}{x!} e^{-\lambda}, \quad x \in \{0, 1, 2, \ldots\}$$

mit $\lambda > 0$. Ermitteln Sie den Maximum-Likelihood-Schätzer für den Parameter λ bezüglich einer gegebenen Stichprobe $x_1, \ldots, x_n$! Prüfen Sie auch die hinreichende Bedingung, bzw. die Bedingung zweiter Ordnung!

Aufgabe 4.2.4 Schuhvolumen

Neben dem Chief-Financial-Wichtel wird der Nikolaus durch den erfahrenen Chief-Operating-Wichtel Cornelius (COW) unterstützt. Der COW ist dafür zuständig, dass die Geschenke in die Schuhe der Kinder passen. Er weiß, dass das Volumen der Schuhe X in cm^3 unabhängig und identisch verteilt ist. Die Zufallsgröße X habe einen Erwartungswert von $500\,cm^3$ und eine Varianz von $100\,cm^6$.

(a) Wie groß ist mindestens die Wahrscheinlichkeit, dass das Volumen eines Schuhs zwischen $475 \, cm^3$ und $525 \, cm^3$ liegt? Geben Sie eine untere Schranke an, welche größer als 0 ist.

(b) Wie groß ist die Wahrscheinlichkeit aus (a), wenn man annimmt, dass X normalverteilt ist?

(c) Verwerfen Sie die Normalverteilungsannahme aus (b) wieder. Der Nikolaus hat für 500 Schuhe insgesamt $250.250 \, cm^3$ Geschenke zusammengestellt. Wie groß ist die Wahrscheinlichkeit näherungsweise, dass die Geschenke nicht in alle Schuhe passen?

(d) Im vergangenen Jahr hat Cornelius für den Erwartungswert ein 95 % Konfidenzintervall ermittelt. Leider sind ihm seine Ergebnisse verloren gegangen. Das durchschnittliche Volumen von 100 Kinderschuhen betrug $500,2 \, cm^3$. Die Standardabweichung schätzte er mit $s = 12,4 \, cm^3$. Helfen Sie ihm die Ergebnisse zu rekonstruieren und bestimmen Sie ein approximatives 95 % Konfidenzintervall!

(e) Zu welcher Entscheidung würde ein zweiseitiger Signifikanztest mit den Hypothesen

$$H_0: \mu = \mu_0 = 502 \quad \text{gegen} \quad H_1: \mu \neq \mu_0 = 502$$

kommen? Nutzen Sie das Konfidenzintervall aus Aufgabenteil (d) und interpretieren Sie die Testentscheidung!

(f) Bestimmen und interpretieren Sie für das entsprechende rechtsseitige Testproblem ($H_0: \mu \leq \mu_0 = 502$) die Wahrscheinlichkeit die Nullhypothese abzulehnen! Hinweis: der wahre Erwartungswert und die Varianz sind aus der Aufgabenstellung bekannt.

Aufgabe 4.2.5 Geschenkeverteilung

Der Chief-Information-Wichtel Carsten (CIW) untersucht die Zeit, die der Nikolaus für das Verteilen aller Geschenke benötigt. Hierzu hat er die Daten aus verschiedenen Ländern der Erde erfasst. Die erste gemessene Variable ist die Zeit (Y, Zeit), die zum Verteilen aller Geschenke nötig war. Des Weiteren wurde die durchschnittliche Anzahl der braven Kinder (X_1, Kinder), das durchschnittliche Einkommen beider Eltern (X_2, Einkommen) sowie die durchschnittliche Temperatur am 6. Dezember (X_3, Temperatur) erfasst. Für die empirische Untersuchung hat Carsten die Programmiersprache R verwendet und erhielt folgenden Output:

```
> Nikolaus <- read.csv("nikolaus.csv", header = TRUE, sep = ";")
> head(Nikolaus)
  Zeit   Kinder Einkommen Temperatur
1 33.0  949.78   3291.91       0.19
2 51.6 1013.15   3726.35     -16.31
3 31.2  992.11   1287.37       4.06
4 22.3 1088.68   3529.78      15.13
5 66.6 1011.70   4996.85     -31.12
6 22.3 1031.86   5794.16      13.45
```

```
10  > summary(Nikolaus[,2:4])
11        Kinder            Einkommen            Temperatur
12   Min.    : 812.1    Min.    :1081    Min.    :-31.120
13   1st Qu.: 957.4    1st Qu.:2102    1st Qu.:-11.640
14   Median :1006.7    Median :4306    Median : -3.100
15   Mean   :1008.2    Mean    :4289    Mean    : -1.620
16   3rd Qu.:1059.5    3rd Qu.:6097    3rd Qu.:  6.327
17   Max.    :1231.0    Max.    :7966    Max.    : 36.690
18  > LR1 <- lm(Zeit ~ Kinder, data = Nikolaus)
19  > summary(LR1)
20
21  Call:
22  lm(formula = Zeit ~ Kinder, data = Nikolaus)
23
24  Residuals:
25      Min      1Q  Median      3Q      Max
26  -38.002  -8.256   1.591   7.834  29.551
27
28  Coefficients:
29              Estimate Std. Error t value Pr(>|t|)
30  (Intercept) -11.19863   26.57526   -0.421   0.6753
31  Kinder        0.04769    0.02628   x.xxx   0.0758 .
32
33  Residual standard error: 15.06 on 48 degrees of freedom
34  Multiple R-squared:  0.06422,   Adjusted R-squared:  0.04473
35  F-statistic: 3.294 on 1 and 48 DF,  p-value: 0.07578
36
37  > AIC(LR1)
38  [1] 417.0841
39  > BIC(LR1)
40  [1] 422.8202
41  > LR2 <- lm(Zeit ~ Kinder + Einkommen + Temperatur, data = Nikolaus)
42  > summary(LR2)
43
44  Call:
45  lm(formula = Zeit ~ Kinder + Einkommen + Temperatur, data = Nikolaus)
46
47  Residuals:
48      Min       1Q   Median       3Q      Max
49  -1.05411 -0.16632 -0.01234  0.17422  0.86436
50
51  Coefficients:
52              Estimate Std. Error   t value Pr(>|t|)
53  (Intercept)  5.167    5.930e-01     8.713 2.69e-11 ***
54  Kinder       0.029    5.986e-04    49.889  < 2e-16 ***
55  Einkommen   -0.001    2.161e-05    -0.175    0.862
56  Temperatur  -1.003    3.225e-03  -311.017  < 2e-16 ***
57
58  Residual standard error: 0.3344 on 46 degrees of freedom
59  Multiple R-squared:  0.9996,    Adjusted R-squared:  0.9995
60  F-statistic: 3.469e+04 on 3 and 46 DF,  p-value: < 2.2e-16
61
62  > AIC(LR2)
63  [1] 38.17479
64  > BIC(LR2)
65  [1] 47.7349
66  >?rnorm
```

Description

Density, distribution function, quantile function and random generation for the normal distribution with mean equal to mean and standard deviation equal to sd.

Usage

```
dnorm(x, mean = 0, sd = 1, log = FALSE)
pnorm(q, mean = 0, sd = 1, lower.tail = TRUE, log.p = FALSE)
qnorm(p, mean = 0, sd = 1, lower.tail = TRUE, log.p = FALSE)
rnorm(n, mean = 0, sd = 1)
```

Arguments

x, q

    vector of quantiles.

p

    vector of probabilities.

n

    number of observations. If length(n) > 1, the length is taken to be the number required.

mean

    vector of means.

sd

    vector of standard deviations.

log, log.p

    logical; if TRUE, probabilities p are given as log(p).

lower.tail

    logical; if TRUE (default), probabilities are $P[X \leq x]$ otherwise, $P[X > x]$.

Details

If mean or sd are not specified they assume the default values of 0 and 1, respectively.

The normal distribution has density

R Core Team (2013). R: A language and environment for statistical computing. R Foundation for Statistical Computing, Vienna, Austria. ISBN 3-900051-07-0, http://www.R-project.org/

(a) Welche der Variablen, X_1, X_2, X_3 oder X_4, hat den betragsmäßig größten Mittelwert? Geben Sie diesen Mittelwert an!

(b) Welche Analysemethode wird in der statistischen Untersuchung in Zeile 18 verwendet?

(c) Bestimmen Sie die fehlende Teststatistik in Zeile 31!

(d) Betrachten Sie im Weiteren das multiple Regressionsmodell LR2 in Zeile 41ff. Stellen Sie die Hypothesen des in Zeile 55 durchgeführten Tests auf! Treffen Sie die Entscheidung zu einem Signifikanzniveau von $\alpha = 0{,}1$!

(e) Erläutern und interpretieren Sie die Testentscheidung des Tests in Zeile 55 in eigenen Worten!

(f) Wie groß müsste das Signifikanzniveau α mindestens gewählt werden, sodass die Nullhypothese aus Aufgabenteil (d) abgelehnt werden würde?

(g) Welches der beiden Modelle (LR1/LR2) ist bezüglich des Bayes'schen Informationskriterium das bessere Modell zur Beschreibung der Zeit, die für das Verteilen der Geschenke benötigt wird? Begründen Sie!

(h) In Zeile 66 wird die Hilfe der Funktion rnorm aufgerufen. Geben Sie die Verwendung der Funktionen dnorm, pnorm, qnorm und rnorm an!

Geben Sie für die folgenden Problemstellungen die jeweilige Funktion in R an!

(i) Sie möchten die erste Spalte des Datensatzes `Nikolaus` in der Konsole anzeigen lassen.

(j) Sie möchten ein Histogramm zeichnen.

Aufgabe 4.2.6 Wert von Geschenken

Die oberste Entscheidungsgewalt hat der Chief-Executing-Wichtel Claus (CEW). Er ist besonders auf eine gerechte Verteilung der Geschenke bedacht. Er hat den Wert der Geschenke aus dem Jahr 2014 von 20 Mädchen und 30 Jungen verglichen. Er erhielt dabei die folgenden Ergebnisse:

Mittelwert der Mädchen:	21,00 Euro
Mittelwert der Jungen:	21,05 Euro
empirische Standardabweichung:	$\hat{\sigma} = 0{,}4333$

Gehen Sie davon aus, dass die Varianzen gleich sind.

(a) Bestimmen Sie die Hypothesen eines Tests, um zu vergleichen, ob Jungen und Mädchen erwartungsgemäß Geschenke gleichen Wertes bekommen!

(b) Bestimmen Sie die Prüfgröße des Tests aus (a) und treffen Sie die Testentscheidung ($\alpha = 0{,}05$)! Interpretieren Sie das erhaltene Ergebnis in einem Satz!

(c) Wie bezeichnet man den Test, welcher verwendet werden sollte, wenn die Varianz des Wertes der Geschenke der Jungen von denen der Mädchen abweicht?

(d) Wichtel Claus untersucht in diesem Jahr, 2015, den Wert der Geschenke der 30 Jungen nochmals, welche bereits 2014 untersucht wurden, um die Hypothese zu überprüfen, dass die Geschenke immer wertvoller werden. Warum lässt sich für diese Problemstellung nicht die Testprozedur aus Aufgabenteil (a) und (b) verwenden?

(e) Welche Analysemethode sollte sinnvollerweise verwendet werden, um zu überprüfen, dass die Geschenke 2015 von höherem Wert waren, als die Geschenke 2014?

(f) Nehmen Sie an, die Nullhypothese eines beliebigen Tests lässt sich zu einem Signifikanzniveau von $\alpha = 0{,}05$ ablehnen. Welche der nachfolgenden Aussage/Aussagen lässt/lassen sich mit Sicherheit treffen? Begründen Sie kurz.

☐ Die Nullhypothese lässt sich auch zu einem Signifikanzniveau von $\alpha = 0{,}01$ ablehnen.

Wenn ja, Begründung:

☐ Die Nullhypothese lässt sich auch zu einem Signifikanzniveau von $\alpha = 0{,}1$ ablehnen.

Wenn ja, Begründung:

☐ Die Nullhypothese kann zu einem Signifikanzniveau von $\alpha = 0{,}01$ nicht abgelehnt werden.

Wenn ja, Begründung:

☐ Die Nullhypothese kann zu einem Signifikanzniveau von $\alpha = 0,1$ nicht abgelehnt
werden.

Wenn ja, Begründung:

(g) Sei der Wert der Geschenke in 2014 die Zufallsgröße X_1 und der Wert der Geschenke
in 2015 sei die Zufallsgröße X_2. Gehen Sie davon aus, dass $(X_1, X_2)'$ 2-dim. normalverteilt mit dem Erwartungsvektor $(\mu_1, \mu_2)'$ und den Varianzen σ_1^2 und σ_2^2 sei. Wie ist
$X_1 - X_2$ verteilt?

4.3   Probeklausur II – Hänsel und Gretel

Die nachfolgende Probeklausur zu dem Märchen „Hänsel und Gretel" umfasst Aufgaben
vom Schwierigkeitsgrad ❋ ❋ ❋ bis ❋ ❋ ❋ ❋ ❋. Die *kursiv*-gedruckten Ausführungen zu
Beginn der Aufgaben sind für die Lösung der Aufgabenstellung nicht relevant und dienen
ausschließlich zur Einbettung der Aufgaben in das Originalmärchen der Gebrüder Jacob
und Wilhelm Grimm. Die Klausur ist so konzipiert, dass die Aufgaben in 120 Minuten gelöst werden müssen. Nutzen Sie zur Lösung ausschließlich einen nicht-programmierbaren
Taschenrechner sowie Tabellen der Quantile wichtiger Verteilungen, wie beispielsweise
der Normal-, Student'schen t-Verteilung oder der χ^2-Verteilung. Sie können außerdem
mehrere Seiten, auf welchen Sie sich die wichtigsten Formeln und Zusammenhänge notieren, zur Hilfe nehmen. Arbeiten Sie zügig, aber konzentriert! Um keine Hilfestellungen
zu geben, wurde bei den folgenden Aufgaben bewusst auf Querverweise verzichtet. Viel
Erfolg beim Lösen der Aufgaben!

Aufgabe 4.3.1
*Vor einem großen Walde wohnte ein armer Holzhacker mit seiner Frau und seinen zwei
Kindern; das Bübchen hieß Hänsel und das Mädchen Gretel. Er hatte wenig zu beißen
und zu brechen, und einmal, als große Teuerung ins Land kam, konnte er das tägliche Brot
nicht mehr schaffen.* Die Stiefmutter möchte die beiden daher im Wald aussetzen. Doch
ihrem Vater schmerzt dies im tiefsten Herzen. Er möchte daher zunächst eine Preisstudie
durchführen und erhebt die folgenden Daten.

Land i	UK	Polen	Ungarn	Russland	Schweden
Entfernung x_i in 100 km	3,82	6,11	2,48	12,63	14,76
Big-Mac-Index y_i in US $	3,48	2,60	3,33	2,33	6,56
Land i	Norwegen	Ukraine	Tschechien	Estland	Türkei
Entfernung x_i in 100 km	10,29	6,11	10,55	8,11	6,25
Big-Mac-Index y_i in US $	7,20	1,84	3,43	2,62	3,89

$$\sum_{i=1}^{10} x_i y_i = 330{,}7691 \qquad \sum_{i=1}^{10} x_i = 81{,}11 \qquad \sum_{i=1}^{10} y_i = 37{,}28$$

$$\sum_{i=1}^{10} x_i^2 = 794{,}8027 \qquad \sum_{i=1}^{10} y_i^2 = 167{,}4088 \qquad \hat{\sigma}^2 = 2{,}81774$$

Unterstellen Sie einen linearen Zusammenhang zwischen dem Big-Mac-Index als abhängige Variable und der Entfernung zum Märchenland, wo die Familie wohnt, als unabhängige Variable.

(a) Bestimmen Sie ein geeignetes Korrelationsmaß, um den Zusammenhang zwischen den Daten zu beschreiben und interpretieren Sie dieses!

(b) Ermitteln Sie die Regressionsgerade der hier durchgeführten Studie des Vaters!

(c) Ermitteln Sie ein geeignetes Maß für die Modellgüte und interpretieren Sie dieses!

(d) Überprüfen Sie anhand eines geeigneten Tests, ob die Entfernung zum Heimatort tatsächlich einen Einfluss auf den Preis eines Big Mac's hat ($\alpha = 0{,}05$)! Gehen Sie davon aus, dass die Fehlergröße normalverteilt ist.

(e) Der Vater versucht die Stiefmutter umzustimmen und meint: *„Je weiter wir wegziehen, desto billiger wird der Big Mac sein!"*. Können Sie dieser Aussage nach Ihren obigen Ergebnissen zustimmen?

(f) Das Traumziel des Vater ist Südspanien und liegt 2.354 km entfernt ($x_S = 23{,}54$). Wie viel müsste der Big Mac nach dieser Studie kosten? Nutzen Sie das in Aufgabenteil (b) ermittelte Modell.

Aufgabe 4.3.2

In der Nacht schien der Mond ganz hell, und die weißen Kieselsteine, die vor dem Haus lagen, glänzten wie lauter Batzen. Hänsel bückte sich und steckte so viele in sein Rocktäschlein, als nur hinein wollten.

(a) Leider waren die Steine teilweise sehr schwer. Nehmen Sie an, dass das Gewicht X eines Kieselsteins in kg mit $\lambda = 30$ exponentialverteilt ist. Die Verteilungsfunktion F der Exponentialverteilung ist gegeben durch

$$F(x) = 1 - e^{-\lambda x}, \quad x \geq 0, \ \lambda > 0$$

Hänsel kann nur Steine bis 100 g mitnehmen. Wie groß ist die Wahrscheinlichkeit, dass er einen Stein nicht mitnehmen kann?

(b) Hänsel ist sich seiner Verteilungsannahme nicht sicher und verwirft diese Annahme aus (a) wieder. Gehen Sie allerdings davon aus, dass der Erwartungswert und die Varianz diesselbe wie in (a) ist.

Wie groß ist die Wahrscheinlichkeit mindestens, dass das Gewicht X um weniger als 50 g vom Erwartungswert nach oben bzw. unten abweicht?

(c) Für den Weg rechnet Hänsel mit 100 Steinen. Diese wählt er zufällig und unabhängig voneinander aus. Wie groß ist näherungsweise die Wahrscheinlichkeit, dass das Gesamtgewicht den Wert von 3,8 kg übersteigt?

(d) Hänsel hatte Glück und konnte sogar 150 Steine mitnehmen. Diese wiegen insgesamt 3,5 kg. Führen Sie einen geeigneten Test durch, um zu überpüfen, ob das erwartete Gewicht eines Steines 25 g nicht übersteigt! Wählen Sie $\alpha = 0,05$.

(e) Bestimmen und interpretieren Sie die approximative Wahrscheinlichkeit, dass der obige Test die Nullhypothese nicht verwirft, wenn das wahre erwartete Gewicht eines Steines 20 g beträgt.

Aufgabe 4.3.3

Nun war's schon der dritte Morgen, dass sie ihres Vaters Haus verlassen hatten. Sie fingen wieder an zu gehen, aber sie gerieten immer tiefer in den Wald, und wenn nicht bald Hilfe kam, mussten sie verschmachten.

Ⓡ Nachdem Hänsel und Gretel das zweite Mal nicht mehr zurückfinden, haben sie verschiedene Wege ausprobiert – leider erfolglos. Gretel ist der Meinung, dass Hänsel sich nicht ausreichend Mühe gegeben hat. Beide hatten die Länge ihrer Wege dokumentiert. Hänsel untersucht diese Daten jetzt in R:

```
 1  > wegelaenge <- read.csv("Wegelaenge.csv", sep = ",", header = TRUE)
 2  > head(wegelaenge)
 3        Weg Haensel Gretel
 4  [1,]    1      94    333
 5  [2,]    2     554    153
 6  [3,]    3     535    162
 7  [4,]    4     291    291
 8  [5,]    5     505    221
 9  [6,]    6     374    193
10  > summary(wegelaenge)
11        Weg           Haensel          Gretel
12   Min.   :  1.00   Min.   :  9.0   Min.   :152.0
13   1st Qu.: 25.75   1st Qu.:129.0   1st Qu.:181.2
14   Median : 50.50   Median :239.5   Median :224.5
15   Mean   : 50.50   Mean   :268.6   Mean   :241.4
16   3rd Qu.: 75.25   3rd Qu.:383.2   3rd Qu.:287.2
17   Max.   :100.00   Max.   :870.0   Max.   :475.0
18                    NA's   : 20
19  > var.test(wegelaenge[,2], wegelaenge[,3])
20
21      F test to compare two variances
22  data:  wegelaenge[, 2] and wegelaenge[, 3]
23  F = 5.4393, num df = 79, denom df = 99, p-value = 1.066e-14
24  alternative hypothesis: true ratio of variances is not equal to 1
```

```
25  95 percent confidence interval:
26   3.588669 8.327808
27  sample estimates:
28  ratio of variances
29            5.43933
30  > t.test(wegelaenge[,2], wegelaenge[,3], var.equal = FALSE, alternative
       = "greater")
31
32    Welch Two Sample t-test
33  data:  wegelaenge[, 2] and wegelaenge[, 3]
34  t = 1.3071, df = 102.183, p-value = 0.09706
35  alternative hypothesis: true difference in means is greater than 0
36  95 percent confidence interval:
37   -7.346409       Inf
38  sample estimates:
39  mean of x mean of y
40   268.6375   241.4200
41  > wegelaenge <- cbind(c(1:50), sort(wegelaenge[,2], decreasing = TRUE)
       [1:50], wegelaenge[1:50,3])
```

(a) Hänsel überprüft zunächst, ob die Varianzen der beiden Stichproben gleich sind ($\alpha = 0{,}05$). Zu welchem Ergebnis gelangt er? Begründen Sie!
   Welcher Verteilung folgt die Prüfgröße unter H_0?

(b) Formulieren Sie die Hypothesen des in Zeile 30 durchgeführten Tests! Formulieren Sie in einem Satz, was Hänsel überprüfen will!

(c) Kennt Hänsel die wahren Varianzen der Wegelängen? Begründen Sie in einem Satz!

(d) In R wird kein kritischer Wert ausgegeben. Hänsel möchte den Test allerdings mit $\alpha = 0{,}01$ durchführen. Wie muss der Code heißen, um diesen Wert in R zu bestimmen?

(e) Treffen und interpretieren Sie die Testentscheidung!

(f) Wie groß müsste Hänsel α wählen, um die Nullhypothese ablehnen zu können? Ist dieses Signifikanzniveau sinnvoll? Begründen Sie kurz!

(g) Was bezweckt Hänsel mit der Codezeile 41?

Aufgabe 4.3.4

Nun ward dem armen Hänsel das beste Essen gekocht, aber Gretel bekam nichts als Krebsschalen. Jeden Morgen schlich die Alte zu dem Ställchen und rief: „Hänsel, streck deine Finger heraus, damit ich fühle, ob du bald fett bist"

Die Hexe übt die Zubereitung täglich an verschiedenen Wurstsorten und misst dabei die Wurstdicke. Die Werte der letzten 12 Tage schreibt Sie sorgfältig auf und ordnet sie absteigend nach ihrer Schmackhaftigkeit (oben = lecker, unten = nicht lecker).

Frankfurter	59 mm
Grobe Bockwurst	56 mm
Grützwurst	57 mm
Debrecziner	55 mm
Jägerwürstchen	54 mm
Bratwurst	53 mm
Mettwurst	51 mm
Rindswurst	52 mm
Mini-Wiener	41 mm
Pferdewurst	50 mm
Weißwurst	42 mm
Wiener	45 mm

Je dicker das Würstchen, desto schmackhafter die Wurstsuppe! Besteht zwischen der Wurstdicke und der Schmackhaftigkeit der Wurstsuppe ein positiver Zusammenhang? Führen Sie einen geeigneten Test durch und interpretieren Sie das Ergebnis ($\alpha = 0,01$)!

Aufgabe 4.3.5

Sie stieß das arme Gretel hinaus zu dem Backofen, aus dem die Feuerflammen schon herausschlugen. „Kriech hinein,“ sagte die Hexe, „und sieh zu, ob recht eingeheizt ist, damit wir das Brot hineinschieben können.“

Gretel wurde jeden Tag Arbeit aufgetragen. So muss sie täglich den Ofen anheizen. Dieser kann extreme Temperaturen entwickeln, bei denen das Brot verbrennen würde. Nehmen Sie an, dass die maximale Temperatur in 1.000 °C, die bei einem Heizvorgang erreicht werden kann, WEIBULL-verteilt ist. Die Dichte der WEIBULL-Verteilung f sei für λ, $k > 0$ gegeben durch

$$f_{(\lambda,k)}(x) = \begin{cases} \lambda k(\lambda x)^{k-1} e^{-(\lambda x)^k}, & x > 0 \\ 0, & x \leq 0 \end{cases}$$

Ermitteln Sie den Maximum-Likelihood-Schätzer für den Parameter λ bezüglich einer gegebenen Stichprobe $x_1, \ldots, x_n$ und gegebenem k! Verzichten Sie auf die Überprüfung der hinreichenden Bedingung (den Nachweis des Maximums, Bedingung zweiter Ordnung).

Aufgabe 4.3.6

Da gab ihr Gretel einen Stoß, dass die Hexe weit hineinfuhr, machte die eiserne Tür zu und schob den Riegel vor. Da fing sie an zu heulen, ganz grauselich; aber Gretel lief fort, und die gottlose Hexe musste elendiglich verbrennen.

Als Hänsel und Gretel nach Hause kamen, hatte ihr Vater zwischenzeitlich R gelernt und musste zugeben, dass seine Analyse aus Aufgabe 4.3.1 nicht ausreichend war. In einem weiteren Schritt soll ebenfalls das Pro-Kopf-Einkommen als unabhängige Variable der Regression hinzugefügt werden.

(a) Gegeben sei die Matrix $\mathbf{X}$ sowie der Vektor Y der abhängigen Variablen (Big-Mac-Index).

$$Y = \begin{pmatrix} Y_1 \\ Y_2 \\ \vdots \\ Y_n \end{pmatrix}, \quad \mathbf{X} = \begin{pmatrix} 1 & x_{11} & x_{12} \\ 1 & x_{21} & x_{22} \\ \vdots & \vdots & \vdots \\ 1 & x_{n1} & x_{n2} \end{pmatrix},$$

wobei $(x_{11}, \ldots, x_{n1})$ die Entfernungen zum Märchenland und $(x_{12}, \ldots, x_{n2})$ die Pro-Kopf-Einkommen sind.

Geben Sie die Modellgleichung einer multiplen linearen Regression in Matrix-Notation an!

(b) Welche Annahmen werden bei einer multiplen linearen Regression bezüglich ε getroffen? Erläutern Sie kurz in zwei Sätzen!

(c) Gegeben sei das Ergebnis der Regressionsstudie im folgenden Programmcode in R:

```
> solve(t(X) %*% X) %*% t(X) %*% y
          [,1]
     2.58457461
x1 -0.03583422
x2  0.36411588
> sigma2_hat <- 1 / (n - 2 - 1) * t(y) %*% ( diag(n) - X %*% solve(t
  (X) %*% X) %*% t(X)) %*% y
> as.numeric(sigma2_hat) * solve(t(X) %*% X)
                    x1              x2
     0.56943650 -2.899981e-02 -1.565780e-02
x1 -0.02899981  2.896986e-03  3.510251e-05
x2 -0.01565780  3.510251e-05  9.130364e-04
```

Formulieren Sie die Testprobleme der partiellen t-Tests, um einen signifikanten Einfluss der Regressoren feststellen zu können!

(d) Bestimmen Sie die t-Statistik für β_2!

(e) Für jeden der partiellen t-Tests wurde $\alpha = 0,1$ angenommen. Wie groß ist die Wahrscheinlichkeit maximal, dass mindestens einmal die Nullhypothese fälschlicherweise abgelehnt wird? Hinweis: Gesamtfehler 1. Art

(f) Das Bestimmtheitsmaß R^2 ist für diese Regressionsanalyse 0,6267. Bestimmen Sie eine geeignete Testgröße für das folgende Testproblem

$$\text{Hypothesen:} \quad H_0: \beta_1 = \beta_2 = 0 \quad \text{gegen} \quad H_1: \exists\, j \in \{1, 2\} : \beta_j \neq 0.$$

Der Stichprobenumfang sei $n = 50$.

(g) Warum eignet sich R^2 nicht zur Modellselektion im multiplen Regressionsmodell?

(h) Nennen Sie zwei alternative Maße, die sich zur Modellselektion eignen!

5.1 Lösungen zu Kap. 1

5.1.1 Lagemaße, Streuungsmaße, Zusammenhangsmaße

Aufgabe 1.1.1 Deutsches oder Holländisches Bier

(a)

$$\bar{x} = \frac{1}{n} \sum_{i=1}^{n} x_i = \frac{1}{10} \cdot 85{,}7 = 8{,}570$$

$$\tilde{s}_x^2 = \frac{1}{n} \sum_{i=1}^{n} x_i^2 - \bar{x}^2 = \frac{1}{10} \cdot 871{,}49 - 8{,}57^2 = 13{,}7041$$

$$\tilde{s}_x = 3{,}7019$$

(b) Y – nominal skaliert $\Rightarrow$ Modus
  $\text{Mode}(Y) = \text{D}$

(c) X – stetig $+$ metrisch skaliert (Verhältnisskala)
  Y – diskret $+$ nominal skaliert

(d)

$$\widehat{F}(x) = \begin{cases} 0 & \text{für } x < 4 \\ 0{,}3 & \text{für } 4 \le x < 8{,}5 \\ 0{,}7 & \text{für } 8{,}5 \le x < 12 \\ 0{,}9 & \text{für } 12 \le x < 15{,}7 \\ 1 & \text{für } x \ge 15{,}7 \end{cases}$$

© Springer-Verlag GmbH Deutschland 2017
P. Otto, A.-L. Lange, *Arbeitsbuch der Angewandten Statistik*,
DOI 10.1007/978-3-662-49212-3_5

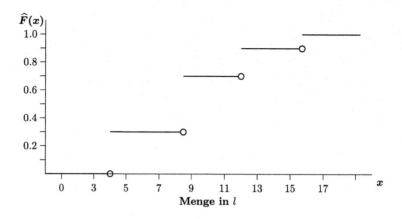

(e)

$$n(K_1) = 7$$

$$n(K_2) = 3$$

$$m_1 = 5$$

$$m_2 = 15$$

$$\bar{x}_K = \frac{1}{10}(7 \cdot 5 + 3 \cdot 15) = 8$$

(f)

$X \backslash Y$	D	NL	$n_{i \cdot}$
K_1	5	2	7
K_2	1	2	3
$n_{\cdot j}$	6	4	10

Y ist nominalskaliert → Pearson'scher Kontigenzkoeffizient

$$\chi^2 = n \left(\sum_{i=1}^{2} \sum_{j=1}^{2} \frac{n_{ij}^2}{n_i . n_{\cdot j}} - 1 \right) = 10 \cdot \left(\frac{71}{63} - 1 \right) = 1{,}2698$$

$$C = \sqrt{\frac{\chi^2}{\chi^2 + n}} = 0{,}336$$

$$C_{\max} = \sqrt{\frac{\min\{k, l\} - 1}{\min\{k, l\}}} = \sqrt{\frac{1}{2}}$$

$$C_{\text{korr}} = \frac{0{,}336}{\sqrt{\frac{1}{2}}} = 0{,}475$$

⇒ Es besteht ein mittlerer Zusammenhang zwischen der Nationalität und dem Bierkonsum.

Aufgabe 1.1.2 Unisex-Tarife

(a)

$$\tilde{x}_{0,5} = \frac{x_{(7)} + x_{(8)}}{2} = 210$$

$$\tilde{s}^2 = \frac{1}{n} \sum_{i=1}^{n} x_i^2 - \bar{x}^2 = \frac{1}{14} \cdot 637.474 - 213^2 = 164{,}8571$$

$$\tilde{s} = 12{,}8397$$

(b) $x_{(i)}$ 195 195 205 205 205 207 210 210 215 215 220 225 235 240

$$x_{(1)} = 195$$

$$\tilde{x}_{0,25} = x_{(4)} = 205$$

$$\tilde{x}_{0,5} = \frac{x_{(7)} + x_{(8)}}{2} = 210$$

$$\tilde{x}_{0,75} = x_{(11)} = 220$$

$$x_{(14)} = 240$$

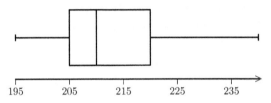

(c)

$$n(K_1) = 8$$

$$n(K_2) = 6$$

$$m_1 = 202{,}5$$

$$m_2 = 225$$

$$\bar{x}_K = \frac{1}{14} (8 \cdot 202{,}5 + 6 \cdot 225) = 212{,}1429$$

(d)

$X \backslash Y$	Mann	Frau	$n_{i \cdot}$
K_1	5	3	8
K_2	2	4	6
$n_{\cdot j}$	7	7	14

Y ist nominalskaliert → Pearson'scher Kontigenzkoeffizient

$$\chi^2 = n\left(\sum_{i=1}^{2}\sum_{j=1}^{2}\frac{n_{ij}^2}{n_{i\cdot}n_{\cdot j}} - 1\right) = 14 \cdot (1{,}08\bar{3} - 1) = 1{,}1\bar{6}$$

$$C = \sqrt{\frac{\chi^2}{\chi^2 + n}} = 0{,}27735$$

$$C_{\max} = \sqrt{\frac{\min\{k,l\} - 1}{\min\{k,l\}}} = \sqrt{\frac{1}{2}}$$

$$C_{\text{korr}} = \frac{0{,}27735}{\sqrt{\frac{1}{2}}} = 0{,}3922$$

⇒ Zwischen Geschlecht und Tarif besteht ein schwacher Zusammenhang.

Aufgabe 1.1.3 Aktienmarkt

(a)

$$\bar{x} = \frac{1}{n}\sum_{i=1}^{n}x_i = \frac{1}{7}\cdot 352{,}3 = 50{,}32857$$

$$s_y^2 = \frac{1}{n-1}\sum_{i=1}^{n}y_i^2 - \frac{n}{n-1}\bar{y}^2 = \frac{1}{6}\cdot 27.900{,}87 - \frac{7}{6}\cdot 60{,}44^2 = 388{,}3187$$

$$s_y = 19{,}7058$$

(b) $\tilde{R}_x = x_{(7)} - x_{(1)} = 61{,}30 - 39{,}50 = 21{,}8$

(c)

K_i	$K_1 = [30,50)$	$K_2 = [50,60)$	$K_3 = [60,70)$	$K_4 = [70,100]$
$|K_i|$	20	10	10	30
$n(K_i)$	2	2	2	1
$h(K_i)$	2/7	2/7	2/7	1/7
$\hat{f}(K_i)$	1/70	1/35	1/35	1/210

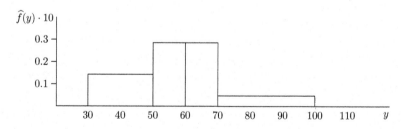

(d) $\sum_{i=1}^{4} h(K_i) = 1$

(e) monotoner Zusammenhang $\to$ Rangkorrelationskoeffizient nach Spearman (keine Bindungen)

x_i (Marktkapitalisierung in T€)	61,30	57,30	56,70	52,40	43,40	41,70	39,50
$R(x_i)$	7	6	5	4	3	2	1
y_i (Aktienkurs in €)	68,80	98,85	46,25	57,42	38,51	50,96	62,29
$R(y_i)$	6	7	2	4	1	3	5
$(R(x_i) - R(y_i))^2$	1	1	9	0	4	1	16

$$R_{XY} = 1 - \frac{6 \sum_{i=1}^{n} (R(x_i) - R(y_i))^2}{n(n^2 - 1)}$$

$$= 1 - \frac{6 \cdot 32}{336}$$

$$= 0,4286$$

Es existiert ein schwacher, positiver monotoner Zusammenhang zwischen der Marktkapitalisierung und dem Aktienpreis.

Aufgabe 1.1.4 Auf's Land ziehen?

(a)

$$\bar{x} = \frac{1}{n} \sum_{i=1}^{n} x_i = \frac{1}{14} \cdot 2.982 = 213$$

$$\tilde{s}^2 = \frac{1}{n} \sum_{i=1}^{n} x_i^2 - \bar{x}^2 = \frac{1}{14} \cdot 637.474 - 213^2 = 164,8571$$

$$\tilde{s} = 12,8397$$

(b) $x_{(i)}$ 195 195 205 205 205 207 210 210 215 215 220 225 235 240

$$x_{(1)} = 195$$

$$\tilde{x}_{0,25} = x_{(4)} = 205$$

$$\tilde{x}_{0,5} = \frac{x_{(7)} + x_{(8)}}{2} = 210$$

$$\tilde{x}_{0,75} = x_{(11)} = 220$$

$$x_{(14)} = 240$$

(c)

$$n(K_1) = 8$$

$$n(K_2) = 6$$

$$m_1 = 202{,}5$$

$$m_2 = 225$$

$$\bar{x}_K = \frac{1}{14}\left(8 \cdot 202{,}5 + 6 \cdot 225\right) = 212{,}1429$$

(d)

$X \backslash Y$	Stadt	Land	$n_{i\cdot}$
K_1	5	3	8
K_2	2	4	6
$n_{\cdot j}$	7	7	14

Y ist nominalskaliert $\rightarrow$ Pearson'scher Kontigenzkoeffizient

$$\chi^2 = n\left(\sum_{i=1}^{2}\sum_{j=1}^{2}\frac{n_{ij}^2}{n_{i\cdot}n_{\cdot j}} - 1\right) = 14 \cdot \left(1{,}08\bar{3} - 1\right) = 1{,}1\bar{6}$$

$$C = \sqrt{\frac{\chi^2}{\chi^2 + n}} = 0{,}27735$$

$$C_{\max} = \sqrt{\frac{\min\{k,l\} - 1}{\min\{k,l\}}} = \sqrt{\frac{1}{2}}$$

$$C_{\mathrm{korr}} = \frac{0{,}27735}{\sqrt{\frac{1}{2}}} = 0{,}3922$$

$\Rightarrow$ Zwischen der Region und Entgeltklasse
besteht ein schwacher Zusammenhang.

Aufgabe 1.1.5 Schutzklasse der Verstecke der Sieben Geißlein

Ⓡ

```
# Daten importieren
q1 <- read.csv(file="Verstecke.csv",header=TRUE)
q1 <- q1[,-1]
# Kontigenztafel
ktafel <- table(q1,deparse.level=0)
# Randsummen:
ktafel <- addmargins(ktafel)
# Relative Häufigkeiten:
rel_ktafel <- ktafel / sum(ktafel[1:3,1:4])
```

```
10  # Lagemaße (der Median ist ein sinnvolles Lagemaß)
11  summary(q1[,1])
12  summary(q1[,2])
13  # Streuungsmaße (der MAD ist ein sinnvolles Streuungsmaß)
14  mad(q1[,1])
15  mad(q1[,2])
16  # Korrelationskoeffizient nach Spearman
17  cor(q1[,1], q1[,2],method = c("spearman"))
18  # Balkendiagramm
19  barplot(ktafel, beside=TRUE)
```

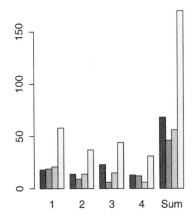

Aufgabe 1.1.6 Elektronikhersteller

(a) – Erläuterung: Da die empirische Stichprobenschiefe positiv ist (und der Median kleiner als der Mittelwert ist), muss das Histogramm rechtschief sein. Das letzte Histogramm kann nicht korrekt sein, da die Gesamtfläche unter der Histogramm-balken > 1 ist.

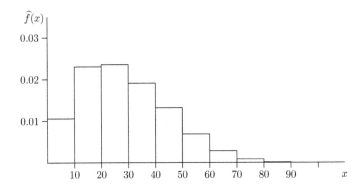

(b) $QA = 38{,}8767 - 16{,}4325 = 22{,}4442$

Der Quartilsabstand ist im Gegensatz zur Stichprobenstandardabweichung robust gegenüber Ausreißern.

(c) Die empirische Verteilungsfunktion spricht für eine (diskrete) Gleichverteilung der Daten.

(d) Betrachtet man den Scatterplot, erkennt man einen negativen quadratischen Zusammenhang. Demzufolge ist der Korrelationskoeffizient von Bravais/Pearson zur Bestimmung des linearen Zusammenhangs nicht geeignet – er würde den tatsächlichen Zusammenhang unterschätzen. Somit eignet sich der Rangkorrelationskoeffizient von Spearman für einen monotonen Zusammenhang besser. Er sollte nahezu 1 ergeben. Eine Kategorisierung der Daten zur Ermittlung des χ^2-Kontigenzkoeffizienten (korrigierter Pearson'scher) führt hingegen zu Informationsverlust und ist ebenfalls nicht geeignet.

(e)

$$s^2 = \frac{1}{n-1} \sum_{i=1}^{n} (x_i - \bar{x})^2 = \frac{1}{n-1} \sum_{i=1}^{n} (x_i^2 - 2\bar{x}x_i + \bar{x}^2)$$

$$= \frac{1}{n-1} \sum_{i=1}^{n} x_i^2 - 2\frac{1}{n-1} \bar{x} \sum_{i=1}^{n} x_i + \frac{1}{n-1} \sum_{i=1}^{n} \bar{x}^2$$

$$= \frac{1}{n-1} \sum_{i=1}^{n} x_i^2 - \frac{n}{n-1} \bar{x}^2$$

(f)

Hypothesen: $H_0\colon \mu \neq 25$ gegen $H_1\colon \mu = 25$

Prüfgröße: $T = \dfrac{\bar{X} - \mu_0}{S} \sqrt{n}$

$$t = \frac{28{,}6818 - 25}{15{,}7833} \sqrt{5.000}$$

$$= 16{,}4948$$

kritischer Wert: $t_{n-1,1-\frac{\alpha}{2}} = t_{4.999,\,0{,}975} \approx z_{0{,}975} = 1{,}96$

Entscheidung: $t = 16{,}4948 > 1{,}96 = z_{0{,}975}$ $\Rightarrow$ H_0 wird abgelehnt.

Zu einem SN von 95 % kann statistisch bewiesen werden, dass die erwartete Betriebsdauer signifikant von 25.000 Stunden abweicht.

Aufgabe 1.1.7 Kassenbon

(a)

$$\bar{x} = \frac{1}{n} \sum_{i=1}^{n} x_i = \frac{1}{7} \cdot 125{,}44 = 17{,}92$$

$$s_x^2 = \frac{1}{n-1} \sum_{i=1}^{n} x_i^2 - \frac{n}{n-1} \bar{x}^2 = \frac{1}{6} \cdot 10.159{,}28 - \frac{7}{6} 17{,}92^2 = 1.318{,}5659$$

$$s_x = 36{,}3121$$

(b) bspw. Median:

$$\tilde{x}_{0{,}5} = x_{(4)} = 5{,}00$$

(c) bspw. Interquartilsabstand, MAD (Median Absolute Deviation)

(d) X – stetig + metrisch skaliert

    Y – stetig (diskret) + metrisch skaliert

(e)

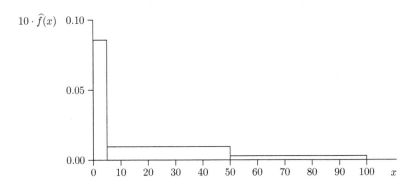

(f) monotoner Zusammenhang ⤳ Spearmansche Korrelationskoeffizient

X / Y	0,07	0,19	$n_{i\cdot}$	R_i^X
$[0, 10)$	14	5	19	10
$[10, 100]$	3	11	14	26,5
$n_{\cdot j}$	17	16	33	
R_j^Y	9	25,5		

$$R_{XY} = \frac{\sum_{i=1}^{n}\left(R_i^X - \bar{R}^X\right)\left(R_i^Y - \bar{R}^Y\right)}{\sqrt{\sum_{i=1}^{n}\left(R_i^X - \bar{R}^X\right)^2 \sum_{i=1}^{n}\left(R_i^Y - \bar{R}^Y\right)^2}}$$

$$= \frac{\sum_{i=1}^{2}\sum_{j=1}^{2} n_{ij}\, R_i^X R_j^Y - n\,\bar{R}^2}{\sqrt{\left(\sum_{i=1}^{2} n_{i\cdot}\, R_i^{X\,2} - n\,\bar{R}^2\right)\cdot\left(\sum_{j=1}^{2} n_{\cdot j}\, R_j^{Y\,2} - n\,\bar{R}^2\right)}}$$

$$= \frac{10.683{,}75 - 33\cdot 17^2}{\sqrt{(11.731{,}5 - 33\cdot 17^2)(11.781 - 33\cdot 17^2)}} \approx 0{,}517$$

Zwischen Kaufpreis pro Posten und dem Mehrwertsteuersatz besteht ein mittlerer positiver Zusammenhang.

5.1.2 Grafische Darstellungen

Aufgabe 1.2.1 Histogramme und Dichtefunktionen

®

```
1   ### Simulation ###
2
3   n <- 100
4
5   set.seed(12241542)
6   a <- runif(n)
7   set.seed(12241542)
8   b <- rnorm(n, mean = 0, sd = 1)
9   set.seed(12241542)
10  c <- rt(n, df = 20)
11  set.seed(12241542)
12  d <- rchisq(n, df = 10)
13
14  ### Histogramm ###
15
16  x <- seq(0,1,by=.0001)
17
18  hist(a, prob = TRUE)
19  lines(x, dunif(x), col = "red")
20
21  x <- seq(-4,4,by=.0001)
22
```

```
23  hist(b, prob = TRUE)
24  lines(x, dnorm(x), col = "red", type = "l")
25
26  hist(c, prob = TRUE)
27  lines(x, dt(x,3), col = "red", type = "l")
28
29  x <- seq(0,30,by=.0001)
30
31  hist(d, prob = TRUE)
32  lines(x, dchisq(x,10), col = "red", type = "l")
```

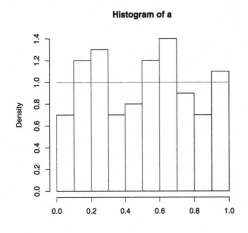

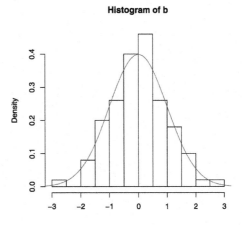

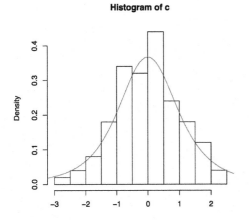

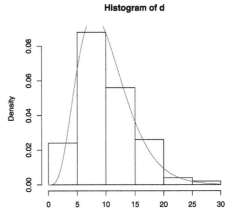

Aufgabe 1.2.2 Normal- und t-Verteilung

```
 1  n <- 1000
 2  set.seed(1123581321)
 3  # Simulation der Zufallsvariablen
 4  norm1 <- rnorm(n, mean=0, sd=1)
 5  norm2 <- rnorm(n, mean=0, sd=2)
 6  norm3 <- rnorm(n, mean=3, sd=1)
 7  # Histogramm 1
 8  hist(norm1, prob=TRUE)
 9  interv <-seq(min(norm1), max(norm1), by=0.01)
10  lines(interv, dnorm(interv, mean=0, sd=1), col="red",lwd=2)
11  lines(interv, dnorm(interv, mean=0, sd=2), col="blue")
12  lines(interv, dnorm(interv, mean=3, sd=1), col="green")
13  # Histogramm 2
14  hist(norm2, prob=TRUE)
15  interv <-seq(min(norm2), max(norm2), by=0.01)
16  lines(interv, dnorm(interv, mean=0, sd=1), col="red")
17  lines(interv, dnorm(interv, mean=0, sd=2), col="blue",lwd=2)
18  lines(interv, dnorm(interv, mean=3, sd=1), col="green")
19  # Histogramm 3
20  hist(norm3, prob=TRUE)
21  interv <-seq(min(norm3), max(norm3), by=0.01)
22  lines(interv, dnorm(interv, mean=0, sd=1), col="red")
23  lines(interv, dnorm(interv, mean=0, sd=2), col="blue")
24  lines(interv, dnorm(interv, mean=3, sd=1), col="green",lwd=2)
25
26  set.seed(1123581321)
27  # Simulation der Student'schen t-Verteilung
28  tdistr2 <- rt(n, df=2)
29  tdistr5 <- rt(n, df=5)
30  tdistr100 <- rt(n, df=100)
31  # Histogramm 1
32  hist(tdistr2, prob=TRUE, nclass=20)
33  interv <-seq(min(tdistr2), max(tdistr2), by=0.01)
34  lines(interv, dnorm(interv, mean=0, sd=1), col="red")
35  lines(interv, dt(interv, df=2), col="blue", lwd=2)
36  # Histogramm 2
37  hist(tdistr5, prob=TRUE, nclass=20)
38  interv <-seq(min(tdistr5), max(tdistr5), by=0.01)
39  lines(interv, dnorm(interv, mean=0, sd=1), col="red")
40  lines(interv, dt(interv, df=5), col="blue", lwd=2)
41  lines(interv, dt(interv, df=2), col="blue", lty=5)
42  # Histogramm 3
43  hist(tdistr100, prob=TRUE, nclass=20)
44  interv <-seq(min(tdistr100), max(tdistr100), by=0.01)
45  lines(interv, dnorm(interv, mean=0, sd=1), col="red")
46  lines(interv, dt(interv, df=100), col="blue", lwd=2)
47  lines(interv, dt(interv, df=2), col="blue", lty=5)
48  lines(interv, dt(interv, df=5), col="blue", lty=10)
```

Histogram of norm1

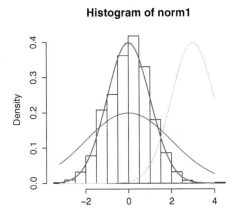

Histogram of norm2

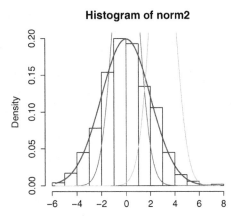

Histogram of norm3

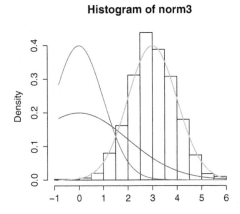

Histogram of tdistr2

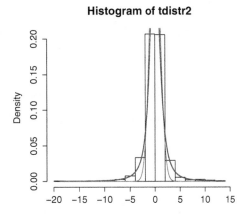

Histogram of tdistr5

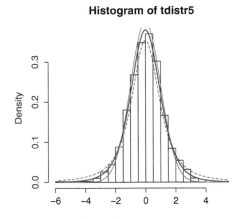

Histogram of tdistr100

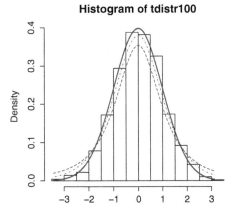

Aufgabe 1.2.3 Empirische Verteilungsfunktion

(a)

a_i	5.000	10.000	12.000	13.000	14.000	$\sum$
$n(a_i)$	4.200	4.200	4.900	3.800	2.900	20.000
$h(a_i)$	0,21	0,21	0,245	0,19	0,145	1

$$\widehat{F}(x) = \begin{cases} 0 & \text{für } x < 5.000 \\ 0,21 & \text{für } 5.000 \leq x < 10.000 \\ 0,42 & \text{für } 10.000 \leq x < 12.000 \\ 0,665 & \text{für } 12.000 \leq x < 13.000 \\ 0,855 & \text{für } 13.000 \leq x < 14.000 \\ 1 & \text{für } x \geq 14.000 \end{cases}$$

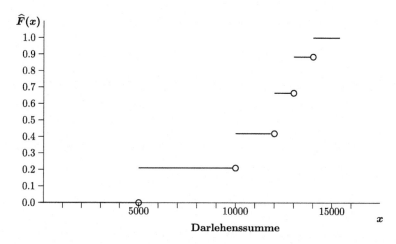

(b) Die empirische Verteilungsfunktion ist über ihren gesamten Definitionsbereich D_f monoton wachsend (allerdings nicht streng monoton wachsend!), d. h.

$$\widehat{F}(x_0) \leq \widehat{F}(x_0 + \epsilon), \quad \epsilon > 0, \; x_0 \in \mathbb{R}.$$

An einer Stelle $x_0 + \epsilon$ nimmt die empirische Verteilungsfunktion genau dann einen Wert $\widehat{F}(x_0 + \epsilon)$ an, der größer $\widehat{F}(x_0)$ ist, wenn in der Stichprobe mindestens eine Realisation in dem Intervall $(x_0, x_0 + \epsilon]$ liegt. Dahingegen nimmt die empirische Verteilungsfunktion einen Wert $\widehat{F}(x_0 + \epsilon)$ gleich $\widehat{F}(x_0)$ an, wenn in der Stichprobe keine Realisation in dem Intervall $(x_0, x_0 + \epsilon]$ liegt. Im vorliegenden Beispiel bedeutet dies: Die Bank vergibt keine Sofortdarlehen, die zwischen 10.500 und 11.000 Euro liegen, somit muss $\widehat{F}(10.500) = \widehat{F}(11.000)$ sein. Es gibt allerdings Verträge, die zwischen 9.500 und 10.500 Euro liegen (nämlich alle 10.000 Euro Sofortdarlehen), somit gilt: $\widehat{F}(9.500) < \widehat{F}(10.500)$

(c) $\widehat{F}(10.000) = 0,42$

(d) $1 - \widehat{F}(12.000) = 1 - 0,665 = 0,335$

5.2 Lösungen zu Kap. 2

5.2.1 Kombinatorik, Satz der totalen Wahrscheinlichkeit, Satz von Bayes

Aufgabe 2.1.1 Bradley's Tattoo

A_1 – „Bradley geht ins Tattoostudio 1"

A_2 – „Bradley geht ins Tattoostudio 2"

A_1 – „Bradley geht ins Tattoostudio 3"

B – „Bradley's Tattoo hat einen Rechtschreibfehler"

A_1, A_2, A_3 sind paarweise disjunkte Ereignisse

$$A_1 \cup A_2 \cup A_3 = \Omega$$

(a) Satz der totalen Wahrscheinlichkeit

$$P(\bar{B}) = 1 - P(B) = 1 - \sum_{i=1}^{3} P(B|A_i)P(A_i)$$

$$= 1 - \left(\frac{1}{3} \cdot 0,45 + \frac{1}{3} \cdot 0,80 + \frac{1}{3} \cdot 0,05\right) = 0,5\bar{6}$$

Die Wahrscheinlichkeit, dass Bradley keinen Rechtschreibfehler tätowiert bekommt, beträgt 0,5667.

(b) Satz von Bayes

$$P(A_2|B) = \frac{P(B|A_2)P(A_2)}{P(B)} = 0,61538$$

Mit einer Wahrscheinlichkeit von 61,54 % war Bradley bei Tätowierer Joe, wenn er „Ssily" auf seinem Arm liest.

(c) Möglichkeiten die Buchstaben LISSY anzuordnen: $\frac{5!}{1!1!2!1!} = 60$

$\Rightarrow$ Wahrscheinlichkeit, dass es richtig geschrieben ist: $\frac{1}{60}$.

Aufgabe 2.1.2 Lernen, lernen und nochmals lernen (W. I. Lenin)

B – „Bestehen" $P(B) = 0,7$

A_1 – „Strategie 1" $P(A_1|B) = 0,8$ $P(A_1|\bar{B}) = 0,1$

A_2 – „Strategie 2" $P(A_2|B) = 0,15$ $P(A_2|\bar{B}) = 0,2$

A_3 – „Strategie 3"

(a)

$$P(\bar{B}) = 0{,}3$$
$$P(A_3|B) = 1 - P(A_1|B) - P(A_2|B) = 0{,}05$$
$$P(A_3|\bar{B}) = 1 - P(A_1|\bar{B}) - P(A_2|\bar{B}) = 0{,}7$$
$$P(A_3) = P(A_3|B) \cdot P(B) + P(A_3|\bar{B}) \cdot P(\bar{B}) = 0{,}245$$

(b) gesucht: $P(B|A_2)$

$$P(A_2) = P(A_2|B) \cdot P(B) + P(A_2|\bar{B}) \cdot P(\bar{B}) = 0{,}165$$
$$P(B|A_2) = \frac{P(A_2|B) \cdot P(B)}{P(A_2)} = 0{,}6364$$

(c) X – „Anzahl der Nicht-Besteher unter 10 befragten Personen"

$$X \sim B(10, 0{,}3)$$

$$P(X \geq 1) = 1 - P(X = 0) = 1 - \binom{10}{0} 0{,}3^0 \, 0{,}7^{10} = 0{,}9718$$

Aufgabe 2.1.3 Verhaftung mit oder ohne Beute?

V – „Vorbereitung ist gut" $P(V) = 0{,}2$
A_1 – „Coup endet positiv" $P(A_1|V) = 0{,}2$ $P(A_1|\bar{V}) = 0{,}05$
A_2 – „Coup endet neutral" $P(A_2|V) = 0{,}3$ $P(A_2|\bar{V}) = 0{,}1$
A_3 – „Coup endet negativ"

(a)

$$P(\bar{V}) = 0{,}8$$
$$P(A_3|V) = 1 - P(A_1|V) - P(A_2|V) = 0{,}5$$
$$P(A_3|\bar{V}) = 1 - P(A_1|\bar{V}) - P(A_2|\bar{V}) = 0{,}85$$
$$P(A_3) = P(A_3|V) \cdot P(V) + P(A_3|\bar{V}) \cdot P(\bar{V}) = 0{,}78$$

(b) gesucht: $P(V|A_1)$ und $P(\bar{V}|A_1)$

$$P(A_1) = P(A_1|V) \cdot P(V) + P(A_1|\bar{V}) \cdot P(\bar{V}) = 0{,}08$$
$$P(V|A_1) = \frac{P(A_1|V) \cdot P(V)}{P(A_1)} = 0{,}5 \quad \Leftrightarrow \quad 1 - P(V|A_1) = P(\bar{V}|A_1) = 0{,}5$$

(c) Unabhängigkeit gilt, wenn:

$$P(A_1 \cap V) = P(A_1) \cdot P(V) \text{ ist.}$$
$$P(A_1|V) \cdot P(V) \neq P(A_1) \cdot P(V)$$
$$0{,}2 \cdot 0{,}2 \neq 0{,}08 \cdot 0{,}2$$
$$0{,}04 \neq 0{,}016 \quad \Rightarrow \quad \text{Die Ereignisse sind nicht unabhängig.}$$

Aufgabe 2.1.4 Autohauseröffnung I

(a) X – „Anzahl der Gewinner, die bereits diese Marke fahren"
    $X \sim H(30, 12, 10)$

$$P(X \geq 1) = 1 - P(X = 0)$$
$$= 1 - \frac{\binom{12}{0}\binom{18}{10}}{\binom{30}{10}}$$
$$= 1 - \frac{43.758}{30.045.015}$$
$$= 0{,}9985$$

(b) Variation ohne Wiederholung:

$$\frac{n!}{(n-k)!} = \frac{15!}{10!} = 360.360$$

Aufgabe 2.1.5 Autohauseröffnung II

(a) X – „Anzahl der Gewinner, die bereits diese Marke fahren"
    $X \sim H(30, 12, 5)$

$$P(X \geq 1) = 1 - P(X = 0)$$
$$= 1 - \frac{\binom{12}{0}\binom{18}{5}}{\binom{30}{5}}$$
$$= 1 - \frac{8.568}{142.506}$$
$$= 0{,}9399$$

(b) bedingte Wahrscheinlichkeit:
    G – „Gewinn"
    L – „Lieblingsfahrzeug auf Lager"

$$P(G \cap L) = 0{,}1$$
$$P(G) = \frac{5}{30}$$
$$P(L|G) = \frac{P(G \cap L)}{P(G)} = \frac{3}{5} = 0{,}6$$

Aufgabe 2.1.6 Iskander

(a) $P(A) = 0{,}15 + 0{,}15 + 0{,}3 = 0{,}6$

(b) Die Wahrscheinlichkeit lässt sich nicht als Laplace-Wahrscheinlichkeit bestimmen, da nicht alle Elementarereignisse die gleiche Wahrscheinlichkeit besitzen.

(c) $P(A \cap B) = 0{,}3$

$P(A \cup B) = 0{,}75$

(d) $P(A|B) = \frac{P(A \cap B)}{P(B)} = 2/3 = 0{,}\bar{6}$

(e) Bei stochastischer Unabhängigkeit gilt:

$P(A|B) = \frac{P(A \cap B)}{P(B)} = \frac{P(A)P(B)}{P(B)} = P(A)$

Wenn A und B stochastisch unabhängig sind, kann B keinen Einfluss auf A haben, somit gilt das Obige.

(f) $P(A) = 0{,}6 \neq P(A|B) = 2/3 \Rightarrow A$ und B sind stochastisch abhängig.

(g) Nach Richard von Mises gilt:

$h_n(A) \to P(A) \quad$ für $n \to \infty$

$(P(A) := \lim_{n \to \infty} h_n(A))$

Die relative Häufigkeit ist ein Schätzer für die Wahrscheinlichkeit.

(h) $C \subseteq A \Rightarrow A \cap C = C$

$P(A) = P(A \cap C) + P(A \cap \bar{C}) = P(C) + P(A \cap \bar{C}) \geq P(C)$

Aufgabe 2.1.7 Hütchenspieler Alejandro

(a) Fünf verschiedene Objekte sollen in fünf verschiedene Mengen vom Umfang 1 eingeteilt werden (Verallgemeinerung von C_n^k – Multinomialkoeffizient):

$$\frac{n!}{n_1! \ldots n_k!} = \frac{5!}{1! \cdot 1! \cdot 1! \cdot 1! \cdot 1!} = 5! = 120$$

(b) Fünf verschiedene Objekte sollen in drei verschiedene Mengen vom Umfang 1, 2 und 2 eingeteilt werden:

$$\frac{n!}{n_1! \ldots n_k!} = \frac{5!}{1! \, 2! \, 2!} = 30$$

(c) X – „Anzahl der gelben Kugeln unter den aufgedeckten"

$X \in \{0, 1\}$

$X \sim H(5, 1, 3)$

$$P(X = 1) = \frac{\binom{1}{1}\binom{4}{2}}{\binom{5}{3}}$$

$$= \frac{3}{5}$$

$$= 0{,}6$$

(d) B – „erste Kugel ist blau"

$$P(B) = \frac{2}{5}$$

(e) bedingte Wahrscheinlichkeit:
G – „Gewinn"
B – „erste Kugel ist blau"

$$P(B) = \frac{2}{5}$$

$$P(G) = \frac{3}{5}$$

$$P(B|G) = \frac{3}{9}$$

$$P(G|B) = \frac{P(G \cap B)}{P(B)}$$

$$= \frac{P(B|G)P(G)}{P(B)}$$

$$= \frac{1}{2}$$

(f) Y – „Erstes gewonnenes Spiel"
$X \sim G(0{,}6)$

$$P(X = 3) = \frac{3}{5}\left(\frac{2}{5}\right)^2$$

$$= \frac{12}{125}$$

$$= 0{,}096$$

Aufgabe 2.1.8 Du zahlst

(a) $\Omega = \{(K, K); (K, Z); (Z, K); (Z, Z)\}$

(b)

Mengendarstellung	Ereignis, dass
$A \cup B$	mindestens einmal Kopf auftritt
$A \cap B$	zweimal Kopf auftritt
$\bar{A} \cup \bar{B}$	mindestens einmal Zahl auftritt
$\bar{A} \cap \bar{B}$	zweimal Zahl auftritt
$(A \cap \bar{B}) \cup (\bar{A} \cap B)$	sowohl Zahl als auch Kopf auftreten
$(A \cap B) \cup (\bar{A} \cap \bar{B})$	zweimal hintereinander dieselbe Münzseite auftritt

(c) $P(A) = \frac{1}{2}$

(d)
$$\Omega = A \cup \bar{A} \quad \text{und} \quad A \cap \bar{A} = \emptyset$$
$$\Rightarrow \quad P(\Omega) = P(A \cup \bar{A}) = P(A) + P(\bar{A})$$
$$1 = P(A) + P(\bar{A})$$
$$P(\bar{A}) = 1 - P(A)$$

(e)
$$P(A|B) = \frac{P(A \cap B)}{P(B)} = \frac{\frac{1}{4}}{\frac{1}{2}} = \frac{1}{2} = P(A)$$

$$\Rightarrow \quad \text{Die Ereignisse } A \text{ und } B \text{ sind unabhängig.}$$

(f) $X \sim \text{Bin}(n = 10, p = 0{,}5)$

(g) BERNOULLI-Verteilung

(h) Die Binomialverteilung ist eine diskrete Verteilung, da X abzählbar viele Werte annehmen kann ($X \in \mathbb{N}$ und $X \leq N$).

(i) Die Verteilungsfunktion gibt die Wahrscheinlichkeit an, dass die Zufallsvariable X einen Wert kleiner gleich x annimmt.

(j) $X \sim N(2, 4) \Leftrightarrow \frac{X-2}{2} \sim N(0, 1) \Rightarrow \Phi(\frac{3-2}{2}) = \Phi(0{,}5) = 0{,}6915$

(k) Alternativen:

- $G(0{,}1) = 1 - \frac{1}{\frac{1}{10}} = -9 \notin [0, 1] \Rightarrow$ Widerspruch zu $0 \leq F(x) \leq 1$ für alle x.

- $\int\limits_{0}^{\infty} g(x)dx = \int\limits_{0}^{\infty} \frac{1}{x^2}dx = \left[-\frac{1}{x}\right]_{0}^{\infty} = \lim_{x \to \infty} -\frac{1}{x} - \lim_{x \to 0} -\frac{1}{x}$

  $\int\limits_{0}^{\infty} g(x)dx \neq 1 \Rightarrow$ Widerspruch

- $\lim_{\epsilon \to 0} G(0 + \epsilon) = -\infty \neq G(0) = 0 \Rightarrow$ Widerspruch G nicht rechtsseitig stetig ($\epsilon > 0$)

(l) empirische Verteilungsfunktion $\hat{F}(x)$

Aufgabe 2.1.9 Klausurendoping

$$A - \text{„Aussichtslos"} \quad P(A) = 0{,}1$$
$$S - \text{„Doping"} \quad P(S|A) = 0{,}9$$
$$P(S|\bar{A}) = 0$$
$$B - \text{„Bestehen"} \quad P(B|S \cap A) = 0{,}15$$
$$P(B|\bar{A}) = 0{,}8$$
$$P(B|\bar{S} \cap A) = 0{,}01$$

(a)

$$P(B) = P(B|\bar{A}) \cdot P(\bar{A}) + P(B|S \cap A) \cdot P(S \cap A) + P(B|\bar{S} \cap A) \cdot P(\bar{S} \cap A)$$
$$= P(B|\bar{A}) \cdot P(\bar{A}) + P(B|S \cap A) \cdot P(S|A) \cdot P(A)$$
$$\quad + P(B|\bar{S} \cap A) \cdot P(\bar{S}|A) \cdot P(A)$$
$$= 0{,}7336$$

(b)

$$P(S|\bar{B}) = \frac{P(\bar{B} \cap S)}{P(\bar{B})}$$
$$= \frac{P(\bar{B}|S \cap A) \cdot P(S \cap A) + P(\bar{B}|S \cap \bar{A}) \cdot P(S \cap \bar{A})}{P(\bar{B})}$$
$$= \frac{(1 - P(B|S \cap A)) \cdot P(S|A) \cdot P(A)}{1 - P(B)}$$
$$= 0{,}2871$$

5.2.2 Univariate Zufallsgrößen

Aufgabe 2.2.1 Noch ein Bier

(a)

$$f_s(k) = \sum_{k=1}^{N} \frac{k^{-1}}{\sum_{i=1}^{N} i^{-s}} \overset{!}{=} 1 \quad \text{(Nenner ist unabhängig von } k\text{)}$$
$$= \frac{\sum_{k=1}^{N} k^{-1}}{\sum_{i=1}^{N} i^{-s}} = 1$$
$$= \sum_{k=1}^{N} k^{-1} = \sum_{i=1}^{N} i^{-s}$$
$$\Rightarrow s = 1$$
$$f_s(k) = \frac{k^{-1}}{\sum_{i=1}^{N} i^{-1}}$$

(b) $\sum_{i=1}^{6} i^{-1} = 2{,}45$

   i. $P(X \leq 3) = f(1) + f(2) + f(3) = \frac{1 + \frac{1}{2} + \frac{1}{3}}{2{,}45} = 0{,}7483$

   ii. $P(1 \leq X < 4) = \frac{1 + \frac{1}{2} + \frac{1}{3}}{2{,}45} = 0{,}7483$

   iii. $P(X = 1) = \frac{1}{2{,}45} = 0{,}4082$

(c)

$$E(X) = \sum_{k=1}^{N} k \cdot f_s(k)$$

$$= \sum_{k=1}^{N} k \frac{k^{-1}}{\sum_{i=1}^{N} i^{-1}}$$

$$= \frac{\sum_{k=1}^{N} 1}{\sum_{i=1}^{N} i^{-1}}$$

$$= \frac{N}{\sum_{i=1}^{N} i^{-1}}$$

$$E(X^2) = \sum_{k=1}^{N} k^2 \cdot f_s(k)$$

$$= \sum_{k=1}^{N} k^2 \frac{k^{-1}}{\sum_{i=1}^{N} i^{-1}}$$

$$= \frac{\sum_{k=1}^{N} k}{\sum_{i=1}^{N} i^{-1}}$$

$$= \frac{\frac{1}{2} N(N+1)}{\sum_{i=1}^{N} i^{-1}}$$

$$\mathrm{Var}(X) = E(X^2) - E(X)^2$$

$$= \frac{\frac{1}{2} N(N+1)}{\sum_{i=1}^{N} i^{-1}} - \frac{N^2}{\left(\sum_{i=1}^{N} i^{-1}\right)^2}$$

Aufgabe 2.2.2 Beta-Verteilung

(a)

$$\int_0^1 cx^0 (1-x)^2 \, dx \overset{!}{=} 1$$

$$= \int_0^1 c(1 - 2x + x^2) \, dx$$

$$= \left[cx - cx^2 + \frac{c}{3} x^3 \right]_0^1$$

$$= c - c + \frac{c}{3} = 1$$

$$\Leftrightarrow c = 3$$

(b) i. $P(X \geq 0{,}6) = \int_{0{,}6}^{1} 1 \, dx = 0{,}4$

ii. $P(X = 0{,}5) = 0$

iii. $P(X < 1{,}8) = 1$

(c)

$$E(X) = \int_{0}^{1} x \left(c x^{\alpha-1} (1-x)^2 \right) dx$$

$$= \int_{0}^{1} \left(c 3 x^{\alpha} - 2 c x^{\alpha+1} + c x^{\alpha+2} \right) dx$$

$$= \left[\frac{c}{\alpha+1} x^{\alpha+1} - \frac{2c}{\alpha+2} x^{\alpha+2} + \frac{c}{\alpha+3} x^{\alpha+3} \right]_{0}^{1}$$

$$= \frac{c}{\alpha+1} - \frac{2c}{\alpha+2} + \frac{c}{\alpha+3}$$

Aufgabe 2.2.3 Bis die Maschine ausfällt

(a)

$$f(x) = \lambda e^{-\lambda x}, \quad x \geq 0 \, \lambda > 0$$

$$1 = \int_{0}^{\infty} \lambda e^{-\lambda x} dx$$

$$= \left[-\lambda \frac{1}{\lambda} e^{-\lambda x} \right]_{0}^{\infty}$$

$$= \lim_{x \to \infty} -e^{-\lambda x} + e^{0}, \quad \lambda > 0$$

$$= \lim_{x \to \infty} -e^{-x} + 1$$

$$= 0 + 1 = 1 \quad \text{(unabhängig von } \lambda\text{)}$$

(b) i.

$$P(X \geq 10) = \left[-e^{-\lambda x} \right]_{10}^{\infty}$$
$$= 0 - (-e^{-\lambda \cdot 10}) = 0 + e^{-2} = 0{,}1353$$

ii.

$$P(X < 8) = \left[-e^{-\lambda x} \right]_{0}^{8}$$
$$= -e^{-\lambda \cdot 8} + e^{0} = -0{,}2019 + 1 = 0{,}7981$$

iii.

$$P(5 < X < 15) = \left[-e^{-\lambda x} \right]_{5}^{15}$$
$$= -e^{-\lambda \cdot 15} + e^{-\lambda \cdot 5} = -0{,}04979 + 0{,}36789 = 0{,}3181$$

(c)

$$E(e^X) = \int\limits_0^\infty e^x \cdot \lambda e^{-\lambda x} dx$$

$$= \int\limits_0^\infty \lambda e^{(-\lambda+1)x} dx$$

$$= \left[-\frac{\lambda}{\lambda-1} e^{(-\lambda+1)x} \right]_0^\infty$$

$$= \lim_{x\to\infty} -\frac{\lambda}{\lambda-1} e^{(-\lambda+1)x} + \frac{\lambda}{\lambda-1} \qquad \Rightarrow \lambda \neq 1$$

$$= \begin{cases} \frac{\lambda}{\lambda-1} & \text{für } \lambda > 1 \\ \infty & \text{für } 0 < \lambda < 1 \end{cases}$$

Für $\lambda > 1$ existiert der Erwartungswert.

Aufgabe 2.2.4 Rudolph und Gisela

(a) TSCHEBYSCHEFF-UNGLEICHUNG: $X \sim F(25, 5)$

$$P\left(|X - 25| < 4\right) \geq 1 - \frac{5}{4^2} = 0{,}6875$$

(b) ZENTRALER GRENZWERTSATZ: $X \sim F(25, 5)$

$$P\left(\sum_{i=1}^{5.000} X_i \geq 125.200\right) = P\left(\frac{1}{5.000}\sum_{i=1}^{5.000} X_i \geq \frac{125.200}{5.000}\right) = 1 - P\left(\bar{X} < 25{,}04\right)$$

$$= 1 - P\left(\frac{\bar{X} - \mu}{\sigma}\sqrt{n} < \frac{25{,}04 - \mu}{\sigma}\sqrt{n}\right)$$

$$= P\left(\frac{\bar{X} - 25}{\sqrt{5}}\sqrt{5.000} < \frac{25{,}04 - 25}{\sqrt{5}}\sqrt{5.000}\right)$$

$$\approx 1 - \Phi(1{,}26) = 1 - 0{,}8962$$

$$= 0{,}1038$$

(c)

$$P\left(|X - 25| < 4\right) = P(21 < X < 29)$$

$$= P\left(\frac{X - \mu}{\sigma} \leq \frac{29 - \mu}{\sigma}\right) - P\left(\frac{X - \mu}{\sigma} \leq \frac{21 - \mu}{\sigma}\right)$$

$$= \Phi\left(\frac{29 - 25}{\sqrt{5}}\right) - \Phi\left(\frac{21 - 25}{\sqrt{5}}\right)$$

$$= 2\Phi(1{,}79) - 1 = 0{,}9266$$

(d) $\bar{x} = \frac{2.550}{100} = 25{,}5$

$$
\begin{aligned}
\text{Hypothesen:} \quad & H_0: \mu \leq \mu_0 = 25 \quad \text{gegen} \quad H_1: \mu > \mu_0 = 25 \\[4pt]
\text{Prüfgröße:} \quad & t = \frac{\bar{x} - \mu_0}{\sigma} \cdot \sqrt{n} = \frac{25{,}5 - 25}{\sqrt{5}} \cdot \sqrt{100} = 2{,}236 \\[4pt]
\text{kritischer Wert:} \quad & z_{1-\alpha} = z_{0{,}95} = 1{,}6449 \\[4pt]
\text{Entscheidung:} \quad & t = 2{,}236 > 1{,}6449 = z_{0{,}95} \quad \Rightarrow \quad H_0 \text{ wird abgelehnt.}
\end{aligned}
$$

Man kann nachweisen, dass die erwartete Geschenkemenge $E(X)$ signifikant über 25 kg liegt.

(e) $\mu = 24{,}78$

$$
\begin{aligned}
P_\mu(\text{„}H_0 \text{ ablehnen“}) &= P_\mu(T > z_{1-\alpha}) = P_\mu\left(\frac{\bar{X} - \mu_0}{\sigma}\sqrt{n} > z_{1-\alpha}\right) \\[6pt]
&= P_\mu\left(\bar{X} > \frac{\sigma}{\sqrt{n}}z_{1-\alpha} + \mu_0\right) \\[6pt]
&= P_\mu\left(\frac{\bar{X} - \mu}{\sigma}\sqrt{n} > z_{1-\alpha} - \frac{\mu - \mu_0}{\sigma}\sqrt{n}\right) \\[6pt]
&= 1 - \Phi\left(z_{1-\alpha} - \frac{\mu - \mu_0}{\sigma}\sqrt{n}\right) \\[6pt]
&= 1 - \Phi\left(z_{0{,}95} - \frac{24{,}78 - 25}{\sqrt{5}}\sqrt{100}\right) \\[6pt]
&= 1 - \Phi(2{,}63) \\[6pt]
&= 0{,}0043
\end{aligned}
$$

Es handelt sich um die Wahrscheinlichkeit für den Fehler 1. Art, wenn $\mu = 24{,}78$ beträgt.

Aufgabe 2.2.5 Plausibilitätsprüfungen

(a)

$$
\sum_{d=1}^{9} \log_B\left(\frac{d+1}{d}\right) \overset{!}{=} 1
$$

$$
\begin{aligned}
\log_B\left(\prod_{d=1}^{9} \frac{d+1}{d}\right) &= \log_B\left(\frac{2}{1} \cdot \frac{3}{2} \cdot \ldots \cdot \frac{10}{9}\right) \\[6pt]
&= \log_B(10) = 1 \\[6pt]
&\Rightarrow B = 10
\end{aligned}
$$

Für $B = 10$ ist f eine Wahrscheinlichkeitsfunktion.

(b) i. $P(X = 4) = \log_{10}\left(\frac{5}{4}\right) = 0,097$

 ii. $P(2 < X < 5) = P(X = 3) + P(X = 4) = 0,125 + 0,097 = 0,222$

 iii. $P(X > 2) = 1 - P(X = 2) - P(X = 1) = 0,523$

(c)

$$E(X) = \sum_{d=1}^{9} d \cdot P(X = d)$$

$$= 1 \cdot \lg(2) + 2 \cdot \lg(3/2) + \ldots + 9 \cdot \lg(10/9) = 3,440$$

$$\text{Var}(X) = E(X^2) - E(X)^2$$

$$= \sum_{d=1}^{9} d^2 \cdot P(X = d) - 3,440^2$$

$$= 1^2 \cdot \lg(2) + 2^2 \cdot \lg(3/2) + \ldots + 9^2 \cdot \lg(10/9) - 3,440^2 = 6,057$$

Aufgabe 2.2.6 Simulationsstudie

(a) Die Simulationsstudie wurde für 10.000 Wiederholungen durchgeführt (Zeile 1)

(b) Der Vektor x_bar_50 hat 10.000 Werte und erfasst die Ergebnisse (Mittelwerte) aller Simulationswiederholungen (Zeile 8)

(c) Dunkelgrau (Zeile 17). Grau (Zeile 18). Hellgrau (Zeile 19).

(d) Es wird ein Einstichprobentest auf die Varianz durchgeführt, um zu zeigen, dass sich die Varianz einer auf dem Intervall [10, 20] stetig gleichverteilten Zufallsvariable signifikant von 8 unterscheidet. Die tatsächliche Varianz beträgt $\frac{100}{12}$.

$$\text{Hypothesen:} \quad H_0: \sigma^2 = \sigma_0^2 = 8 \quad \text{gegen} \quad H_1: \sigma^2 \neq \sigma_0^2$$

$$\text{Entscheidung:} \quad p\text{-Wert} = 0,01296 \not< 0,01 = \alpha \quad \Rightarrow \quad H_0 \text{ wird nicht abgelehnt.}$$

(e)

$$\text{Hypothesen:} \quad H_0: \sigma_x^2 \leq \sigma_y^2 = 8 \quad \text{gegen} \quad H_1: \sigma_x^2 > \sigma_y^2$$

Es soll überprüft werden, ob sich die Varianz der Schätzer signifikant kleiner wird, wenn n erhöht wird.

(f)

$$\text{Entscheidung:} \quad p\text{-Wert} \leq 2,2 \cdot 10^{-16} < 0,01 = \alpha \quad \Rightarrow \quad H_0 \text{ wird abgelehnt.}$$

Man kann nachweisen, daß sich die Varianz für $n = 10$ signifikant größer ist, als für $n = 50$.

(g) Mit der Funktion set.seed() muss der Startwert der Simulation auf eine beliebige Zahl gesetzt werden. Die Funktion muss vor der Zeile 10 ergänzt werden. Sie darf nicht zwischen den Zeilen 11 – 14 stehen und darf nicht nach Zeile 14 stehen.

(h) t.test(x_bar_10, x_bar_50, alternative = "two.sided")

(i) help(hist); ?hist

(j) Die Funktion runif() muss durch rnorm(n, mean = 10, sd = 5) ersetzt werden.

Aufgabe 2.2.7 In der Weihnachtsbäckerei

(a) $E(X) = \frac{a+b}{2} = \frac{30}{2} = 15$, $\text{Var}(X) = \frac{(b-a)^2}{12} = \frac{900}{12} = 75$

(b) TSCHEBYSCHEFF-UNGLEICHUNG: $X \sim F(15, 75)$

$$P\left(|X - 15| < 12\right) \geq 1 - \frac{75}{12^2} = 0{,}4792$$

(c) ZENTRALER GRENZWERTSATZ: $X \sim N(15, 75)$

$$P\left(\sum_{i=1}^{100} X_i \leq 1.400\right) = P\left(\frac{1}{100}\sum_{i=1}^{100} X_i \leq \frac{1.400}{100}\right) = P\left(\bar{X} < 14\right)$$

$$= P\left(\frac{\bar{X} - \mu}{\sigma}\sqrt{n} < \frac{14 - \mu}{\sigma}\sqrt{n}\right)$$

$$= P\left(\frac{\bar{X} - 15}{\sqrt{75}}\sqrt{100} < \frac{14 - 15}{\sqrt{75}}\sqrt{100}\right)$$

$$\approx \Phi(-1{,}15) = 1 - \Phi(1{,}15) = 1 - 0{,}8749$$

$$= 0{,}1251$$

(d) $\bar{x} = \frac{800}{50} = 16$

Hypothesen: $H_0: \mu \leq \mu_0 = 14$ gegen $H_1: \mu > \mu_0 = 14$

Prüfgröße: $t = \frac{\bar{x} - \mu_0}{\sigma} \cdot \sqrt{n} = \frac{16 - 14}{\sqrt{25}} \cdot \sqrt{50} = 2{,}828$

kritischer Wert: $z_{1-\alpha} = z_{0,95} = 1{,}6449$

Entscheidung: $t = 2{,}828 > 1{,}6449 = z_{0,95}$ $\Rightarrow$ H_0 wird abgelehnt.

Man kann nachweisen, dass die erwartete Handvoll Menge Mehl unter 15 g liegt.

(e) $\mu = 15$

$$P_\mu\left(\text{„}H_0 \text{ ablehnen“}\right) = P_\mu\left(T > z_{1-\alpha}\right) = P_\mu\left(\frac{\bar{X} - \mu_0}{\sigma}\sqrt{n} > z_{1-\alpha}\right)$$

$$= P_\mu\left(\bar{X} > \frac{\sigma}{\sqrt{n}}z_{1-\alpha} + \mu_0\right)$$

$$= P_\mu\left(\frac{\bar{X} - \mu}{\sigma}\sqrt{n} > z_{1-\alpha} - \frac{\mu - \mu_0}{\sigma}\sqrt{n}\right)$$

$$= 1 - \Phi\left(z_{1-\alpha} - \frac{\mu - \mu_0}{\sigma}\sqrt{n}\right)$$

$$= 1 - \Phi\left(z_{0,95} - \frac{15 - 14}{\sqrt{25}}\sqrt{50}\right)$$

$$= 1 - \Phi(0{,}23)$$

$$= 0{,}409$$

Es handelt sich um die Wahrscheinlichkeit, H_0 korrekterweise abzulehnen.

Aufgabe 2.2.8 Schwaches Gesetz der großen Zahlen

```r
set.seed(1)
m <- 500
mu <- 0.5
# Gleichverteilung
n <- 1
x_bar <- numeric(m)
for (i in 1:m)
{
  x_bar[i] <- mean(runif(n))
}
hist(x_bar,prob=TRUE,breaks=12,col="red",ylim=c(0,10))
n <- 10
x_bar <- numeric(m)
for (i in 1:m)
{
  x_bar[i] <- mean(runif(n))
}
hist(x_bar,prob=TRUE,breaks=12, col="blue", add=TRUE)
n <- 50
x_bar <- numeric(m)
for (i in 1:m)
{
  x_bar[i] <- mean(runif(n))
}
hist(x_bar,prob=TRUE,breaks=12, col="green", add=TRUE)
abline(v = mu, lwd = 2)
# Exponentialverteilung
set.seed(1)
m <- 500
lambda <- 5
mu <- 1 / lambda
n <- 100
x_bar <- numeric(m)
for (i in 1:m)
{
  x_bar[i] <- mean(rexp(n,rate=lambda))
}
hist(x_bar,prob=TRUE,breaks=12,col="red",ylim=c(0,150))
n <- 1000
x_bar <- numeric(m)
for (i in 1:m)
{
  x_bar[i] <- mean(rexp(n,rate=lambda))
}
hist(x_bar,prob=TRUE,breaks=12, col="blue", add=TRUE)
n <- 5000
x_bar <- numeric(m)
for (i in 1:m)
{
  x_bar[i] <- mean(rexp(n,rate=lambda))
}
hist(x_bar,prob=TRUE,breaks=12, col="green", add=TRUE)
abline(v = mu, lwd = 2)
```

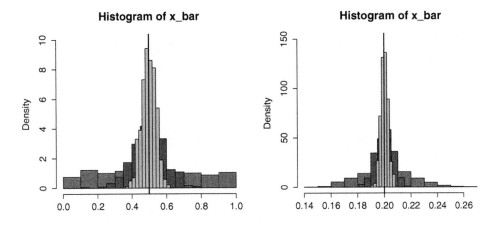

Aufgabe 2.2.9 Zentraler Grenzwertsatz

```
1  n <- 25
2  m <- 1000
3  set.seed(65535)
4  # Simulationstudie
5  # Gleichverteilung
6  unif_a <- 10
7  unif_b <- 30
8  mu <- (unif_a + unif_b) / 2
9  sig2 <- (unif_a - unif_b)^2 / 12
10 x_bar <- numeric(m)
11 for (i in c(1:m))
12 {
13   x <- runif(n, min = unif_a, max = unif_b)
14   x_bar[i] <- mean(x)
15 }
16 x_bar_norm <- sqrt(n) * (x_bar - mu) / sqrt(sig2)
17 hist(x_bar_norm,prob=TRUE,nclass=20)
18 lines(seq(-4,4,by=.01),dnorm(seq(-4,4,by=.01),mean=0,sd=1),col="red")
19 # Binomialverteilung
20 binom_n <- n
21 binom_p <- 0.8
22 mu <- binom_n * binom_p
23 sig2 <- binom_n *  binom_p * (1 - binom_p)
24 x_bar <- numeric(m)
25 for (i in c(1:m))
26 {
27   x <- rbinom(n, size = binom_n , prob = binom_p)
28   x_bar[i] <- mean(x)
29 }
30 x_bar_norm <- sqrt(n) * (x_bar - mu) / sqrt(sig2)
31 hist(x_bar_norm,prob=TRUE,nclass=20)
32 lines(seq(-4,4,by=.01),dnorm(seq(-4,4,by=.01),mean=0,sd=1),col="red")
```

```
33  # Chi^2 - Verteilung
34  chisq_df <- 5
35  mu <- chisq_df
36  sig2 <- 2 * chisq_df
37  x_bar <- numeric(m)
38  for (i in c(1:m))
39  {
40    x <- rchisq(n, df = chisq_df)
41    x_bar[i] <- mean(x)
42  }
43  x_bar_norm <- sqrt(n) * (x_bar - mu) / sqrt(sig2)
44  hist(x_bar_norm,prob=TRUE,nclass=20)
45  lines(seq(-4,4,by=.01),dnorm(seq(-4,4,by=.01),mean=0,sd=1),col="red")
```

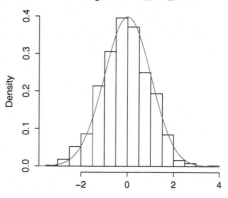

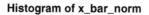

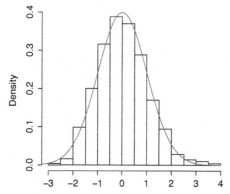

Aufgabe 2.2.10 Erlang-Verteilung

```
N <- 10^4
n <- c(20, 50, 100, 500)
lambda <- 3
colors <- rgb(0, 0, seq(0, 0.8, length = 4), 0.6) # c("white", "
    lightgray", "lightblue", "blue", "darkblue")
set.seed(1020)
for (i in c(1:4)) # Schleife für die schrittweise Erhöhung von n
{
  lambda_hat <- numeric(N) # Vektor für Schätzungen
  for (j in c(1:N)) # Schleife für die Simulationen
  {
    k <- sample(1:10, 1) # zufällige Wahl von k
    x <- rgamma(n[i], shape = k, scale = 1 / lambda) # simulierte
        Zufallsvariablen
    lambda_hat[j] <- k / mean(x) # Schätzer für lambda
  }
  if (i == 1) # im ersten Histogramm ohne add = TRUE, dafür mit
      Überschrift
  {
    hist(lambda_hat, col = colors[i], ylim = c(0,3), prob = TRUE, main =
        "Schätzer für lambda")
    abline(v = lambda, lwd = 2) # wahrer Parameter
  }
  else # danach add = TRUE
  {
    hist(lambda_hat, col = colors[i], add = TRUE, prob = TRUE)
  }
}
legend(5.5, 3, paste("n = ", n), fill = colors)
```

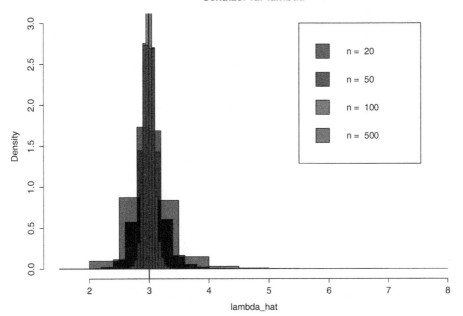

Schätzer für lambda

Aufgabe 2.2.11 Pareto-Verteilung

(a)

$$F(x) = 1 - \left(\frac{m}{x}\right)^k = 1 - m^k x^{-k}$$

$$\frac{\partial F}{\partial x} = k m^k x^{-k-1}$$

$$= k m^k x^{-(k+1)}$$

$$= \frac{k m^k}{x^{k+1}} = \frac{k}{m}\left(\frac{m}{x}\right)^{k+1}$$

(b) i. $1 - F(1{,}5) = \frac{2}{3}$
     ii. $F(1{,}5) = \frac{1}{3}$
     iii. $F(4) - F(1{,}5) = \frac{5}{12}$

(c)

$$E(X) = \int_m^\infty x f(x)\, dx$$

$$= k m^k \int_m^\infty x^{-k}\, dx$$

$$= k m^k \left[-\frac{1}{k+1} x^{-k+1}\right]_m^\infty$$

$$= k m^k \left\{\lim_{x\to\infty} -\frac{1}{k+1} x^{-k+1} + \frac{1}{k+1} m^{-k+1}\right\}$$

$$= \frac{k m^k m^{-k+1}}{k+1}$$

$$= m\left(\frac{k}{k-1}\right)$$

Aufgabe 2.2.12 Laplace-Verteilung

(a)

$$\int_{-\infty}^\infty f(x)dx = 1$$

$$\int_{-\infty}^\infty \frac{1}{2\lambda} e^{-\frac{|x|}{\lambda}} dx = \frac{1}{2\lambda}\left\{\int_{-\infty}^0 e^{\frac{x}{\lambda}} dx + \int_0^\infty e^{-\frac{x}{\lambda}} dx\right\}$$

$$= \frac{1}{2\lambda}\left\{\left[\lambda e^{\frac{x}{\lambda}}\right]_{-\infty}^0 + \left[-\lambda e^{-\frac{x}{\lambda}}\right]_0^\infty\right\}$$

$$= \frac{1}{2\lambda} \left\{ \lambda - \lim_{x \to -\infty} \lambda\, e^{\frac{x}{\lambda}} + \lim_{x \to \infty} -\lambda\, e^{-\frac{x}{\lambda}} + \lambda \right\}$$

$$= \frac{1}{2\lambda} \cdot (2\lambda) = 1$$

$\Rightarrow f(x)$ ist unabhängig von λ eine Dichtefunktion für X.

(b)

$$f(x) = \frac{\partial F}{\partial x}$$

$$= \begin{cases} \frac{1}{2\lambda} e^{\frac{x}{\lambda}} & x \leq 0 \\ \frac{1}{2\lambda} e^{-\frac{x}{\lambda}} & x > 0 \end{cases}$$

$$= \frac{1}{2\lambda} e^{-\frac{|x|}{\lambda}} \qquad x \in \mathbb{R}$$

5.2.3 Bivariate Zufallsgrößen

Aufgabe 2.3.1 Unabhängigkeit

Zunächst Herleitung der Randverteilungen, dann Betrachtung des Produktes dieser:

$$F_{X_1}(x_1) = \lim_{x_2 \to \infty} F(x_1, x_2) = \lim_{x_2 \to \infty} \frac{1}{1 + e^{-x_1} + e^{-x_2} + e^{-x_1 - x_2}} = \frac{1}{1 + e^{-x_1}}$$

$$F_{X_2}(x_2) = \frac{1}{1 + e^{-x_2}},$$

$$F_{X_1}(x_1) \cdot F_{X_2}(x_2) = \frac{1}{(1 + e^{-x_1})(1 + e^{-x_2})}$$

$$= \frac{1}{1 + e^{-x_1} + e^{-x_2} + e^{-x_1 - x_2}} = F(x_1, x_2).$$

Die Komponenten sind unabhängig.

Aufgabe 2.3.2 Portfolio

(a) $E(R_p) = \omega\mu_1 + (1 - \omega)\mu_2$

(b) $R_P \sim N\left(\omega \cdot \mu_1 + (1 - \omega) \cdot \mu_2,\ \omega^2\sigma_1^2 + (1 - \omega)^2\sigma_2^2 + 2\omega(1 - \omega)\sigma_1\sigma_2\rho\right)$

(c) $\mathrm{Var}(R_P) = 0{,}002664 + 0{,}00252\rho$ folglich: $0{,}012 \leq \sqrt{\mathrm{Var}(R_P)} \leq 0{,}072$

(d) ☒ Es ist die Dichtefunktion einer zweidimensionalen Zufallsvariable dargestellt.
    ☒ Der Erwartungswert $\mu = (\mu_1, \mu_2)$ ist $(0, 0)$.

(e) Die Zufallsvariablen sind positiv korreliert, somit ist $\rho > 0$. Dies wird ersichtlich, da positive Werte von X_1 mit höherer Wahrscheinlichkeit auf positive Werte von X_2 fallen und umgekehrt.

(f) Die Funktion `plot` zeichnet Funktionen und Grafiken. Die Funktion `lines` zeichnet zu einer bestehenden Grafik weitere Linien/Funktionen.

(g) $P(\{R_1 \leq -0{,}01\} \cap \{R_2 \leq -0{,}02\}) = 0{,}159$

(h)

$$
\begin{aligned}
f_{R_1,R_2}(r_1,r_2) &\neq \frac{1}{2\pi} \exp\left(-\frac{r_1^2 + r_2^2}{2}\right) \\
&= \frac{1}{\sqrt{2\pi}} \exp\left(-\frac{r_1^2}{2}\right) \cdot \frac{1}{\sqrt{2\pi}} \exp\left(-\frac{r_2^2}{2}\right) \\
&= f_{R_1}(r_1) \cdot f_{R_2}(r_2) \\
\Rightarrow \quad & R_1 \text{ und } R_2 \text{ sind somit nicht unabhängig}
\end{aligned}
$$

(i)

$$
\begin{aligned}
f_{R_1|R_2}(r_1|r_2) &= \frac{\frac{1}{2\pi} \exp\left(-\frac{r_1^2 + r_2^2}{2}\right)}{\frac{1}{\sqrt{2\pi}} \exp\left(-\frac{r_2^2}{2}\right)} \\
&= \frac{1}{\sqrt{2\pi}} \exp\left(-\frac{r_1^2}{2}\right)
\end{aligned}
$$

(j) $E(R_1) = 0$

  $\mathrm{Var}(R_1) = 1$

Aufgabe 2.3.3 Dichte einer zweidimensionalen normalverteilten Zufallsgröße

®

```
# Funktion der zweidimensionalen Dichte definieren
# Variante 1

normdens2d <- function(mu1,mu2,sigma1,sigma2,rho,X1,X2)
{
  a <- length(X1); # Dimensionen der Matrix
  b <- length(X2);
  Z <- array(, dim=c(a,b)) # zweidimensionale Matrix Z
  for (i in c(1:a)) # Schleife für das Durchlaufen aller Zeilen
  {
    for (j in c(1:b)) # Schleife für das Durchlaufen aller Spalten
    {
      Z[i,j] <- 1 / (2 * pi * sigma1 * sigma2 * sqrt(1-rho^2)) *
        exp(-1/(2 * (1-rho^2)) * ( ((X1[i]-mu1) / sigma1)^2 -
                         2 * rho * (X1[i]-mu1) / sigma1 * (
                             X2[j]-mu2) / sigma2 +
                         ((X2[j]-mu2) / sigma2)^2 ))
    }
  }
  return(Z)
}
```

```
22   # Variante 2
23
24   # install.packages("mnormt", dependencies = TRUE)
25   library("mnormt")
26
27   normdens2d <- function(mu1,mu2,sigma1,sigma2,rho,X1,X2)
28   {
29     a <- length(X1); # Dimensionen der Matrix
30     b <- length(X2);
31     Mean <- array(c(mu1, mu2), dim = c(1,2));
32     Sigma <- array(c(sigma1^2, rho, rho, sigma2^2), dim = c(2,2));
33     Z <- array(, dim=c(a,b)) # zweidimensionale Matrix Z
34     for (i in c(1:a)) # Schleife für das Durchlaufen aller Zeilen
35     {
36       for (j in c(1:b)) # Schleife für das Durchlaufen aller Spalten
37       {
38         Z[i,j] <- dmnorm(x = cbind(X1[i], X2[j]),
39                          mean = Mean,
40                          varcov = Sigma,
41                          log = FALSE);
42       }
43     }
44     return(Z)
45   }
46
47   # Definitionsbereich für X_1 und X_2 setzen
48
49   x1 <- seq(from=-2.5,to=+2.5,length=100)
50   x2 <- seq(from=-2.5,to=+2.5,length=100)
51
52   # Grafiken erzeugen
53
54   persp(x=x1,y=x2,z=normdens2d(mu1=0,mu2=0,sigma1=1,sigma2=1,rho=0,X1=x1,
         X2=x2), theta = 30, phi = 20, expand = 0.75, r=4, col = "red", ltheta
         = 120, shade = 0.75, ticktype = "detailed", zlab="", xlab="", ylab="
         ")
55   image(normdens2d(mu1=0,mu2=0,sigma1=1,sigma2=1,rho=0,X1=x1,X2=x2))
56   persp(x=x1,y=x2,z=normdens2d(mu1=0,mu2=0,sigma1=1,sigma2=1,rho=-0.8,X1=
         x1,X2=x2), theta = 30, phi = 20, expand = 0.75, r=4, col = "red",
         ltheta = 120, shade = 0.75, ticktype = "detailed", zlab="", xlab="",
         ylab="")
57   image(normdens2d(mu1=0,mu2=0,sigma1=1,sigma2=1,rho=-0.8,X1=x1,X2=x2))
58   persp(x=x1,y=x2,z=normdens2d(mu1=0,mu2=1,sigma1=1,sigma2=3,rho=0,X1=x1,
         X2=x2), theta = 30, phi = 20, expand = 0.75, r=4, col = "red", ltheta
         = 120, shade = 0.75, ticktype = "detailed", zlab="", xlab="", ylab="
         ")
59   image(normdens2d(mu1=0,mu2=1,sigma1=1,sigma2=3,rho=0,X1=x1,X2=x2))
```

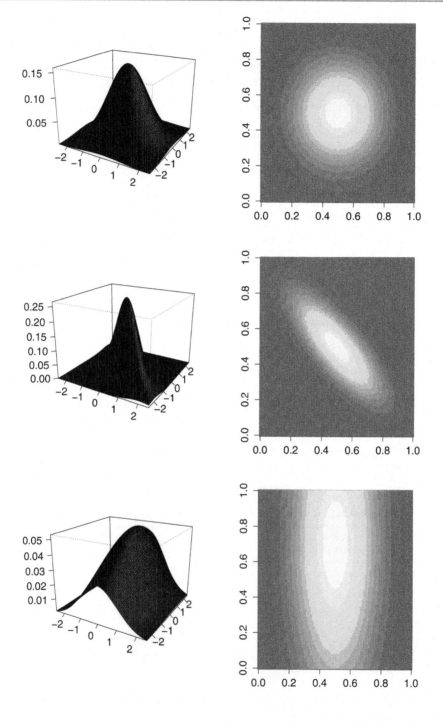

5.3 Lösungen zu Kap. 3

5.3.1 Parameterschätzung

Aufgabe 3.1.1 Kinder pro Familie

$$\text{Likelihoodfunktion:} \quad L_\eta(\vec{x}) = \eta^2 \cdot \eta \cdot (1 - 2\eta)^3 = \eta^3 \cdot (1 - 2\eta)^3$$

$$\text{Log-Likelihoodfunktion:} \quad l_\eta(\vec{x}) = \ln(L_\eta(\vec{x})) = 3 \cdot \ln(\eta) + 3 \cdot \ln(1 - 2\eta)$$

$$\text{Ableitung} \quad l'_\eta(\vec{x}) = \frac{3}{\eta} - \frac{2 \cdot 3}{1 - 2\eta}$$

Sei $\widehat{\eta}$ der ML-Schätzer. Dann gilt, sofern $\widehat{\eta} \notin \{0, 0{,}5\}$,

$$l'_\eta(\vec{x}) = 0$$

$$\Leftrightarrow \quad \frac{3}{\widehat{\eta}} - \frac{6}{1 - 2\widehat{\eta}} = 0$$

$$\Leftrightarrow \quad 3 \cdot (1 - 2\widehat{\eta}) = 6\widehat{\eta}$$

$$\Leftrightarrow \quad \widehat{\eta} = \frac{3}{12} = \frac{1}{4} = 0{,}25$$

$$\text{2. Ableitung:} \; l''_{\widehat{\eta}}(\vec{x}) = -\frac{3}{\eta^2} - \frac{2 \cdot 3 \cdot 2}{(1 - 2\eta)^2} < 0.$$

Aufgabe 3.1.2 Vitamine

(a) $L_p = p^3 \cdot (1 - p) = p^3 - p^4$

(b)

$$\frac{d}{dp} L_p = 3p^2 - 4p^3 \overset{!}{=} 0$$

$$\hat{p} = \frac{3}{4}$$

$$\frac{d^2}{(dp)^2} L_p(p = \hat{p}) = -2{,}25 < 0$$

somit maximiert $\hat{p}$ die Likelihoodfunktion

(c) Variante A:

$$\left(p - \frac{3}{4}\right)^2 + \left((1 - p) - \frac{1}{4}\right)^2 \quad \rightarrow \min_p$$

$$\frac{d}{dp}(\dots) = 2\left(p - \frac{3}{4}\right) - 2\left((1 - p) - \frac{1}{4}\right) \overset{!}{=} 0$$

$$\hat{p} = \frac{3}{4}$$

$$\frac{d^2}{(dp)^2}(\dots) = 4 > 0$$

somit minimiert $\hat{p}$ die Quadratfehlersumme

Variante B:

$$3(1 - p)^2 + p^2 \quad \rightarrow \min_p$$

$$\frac{d}{dp}(\dots) = -6(1 - p) + 2p \overset{!}{=} 0$$

$$\hat{p} = \frac{3}{4}$$

$$\frac{d^2}{(dp)^2}(\dots) = 8 > 0$$

somit minimiert $\hat{p}$ die Quadratfehlersumme

(d) $E\left(\frac{1}{n}\sum_{i=1}^{n} X_i\right) = \frac{1}{n}\sum_{i=1}^{n} E(X_i) = \frac{1}{n} \cdot n \cdot p = p$

(e) Erwartungstreue bedeutet, dass $E(\hat{\theta}) = \theta$, somit gilt: $E(\hat{\theta}) - \theta = 0$.

$$\text{MSE}(\hat{\theta}) = \text{Var}(\theta) + (E(\hat{\theta}) - \theta)^2 = \text{Var}(\theta)$$

(f) $P(|X - p| \geq \varepsilon) \leq \frac{\text{Var}(X)}{\varepsilon^2} = \frac{p(1-p)}{\varepsilon^2}$

(g)

$$\text{Var}\left(\frac{1}{n}\sum_{i=1}^{n} X_i\right) = \frac{1}{n^2}\sum_{i=1}^{n} \text{Var}(X_i) = \frac{1}{n^2} \cdot n \cdot p(1 - p)$$

$$= \frac{p(1 - p)}{n} \rightarrow 0 \quad \text{für } n \rightarrow \infty$$

Aufgabe 3.1.3 Weibull-Verteilung

$$\mathcal{L}_\lambda(x_1,\ldots,x_n) = \prod_{i=1}^{n} f_\lambda(x_i)$$

$$= \prod_{i=1}^{n} 2\lambda^2 x_i \exp\left(-(\lambda x_i)^2\right) = \left(2\lambda^2\right)^n \prod_{i=1}^{n} x_i \exp\left(-(\lambda x_i)^2\right)$$

$$= 2^n \lambda^{2n} \prod_{i=1}^{n} x_i \exp\left(-\lambda^2 \sum_{i=1}^{n} x_i^2\right)$$

$$\ln \mathcal{L}_\lambda(x_1,\ldots,x_n) = \sum_{i=1}^{n} \ln\left[f_\lambda(x_i)\right]$$

$$= n\ln 2 + n2\ln\lambda + \sum_{i=1}^{n} \ln x_i - \lambda^2 \sum_{i=1}^{n} x_i^2 \longrightarrow \max_\lambda$$

$$\frac{\partial}{\partial\lambda} \ln \mathcal{L}_\lambda(x_1,\ldots,x_n) = \frac{2n}{\lambda} - 2\lambda \sum_{i=1}^{n} x_i^2 = 0 \quad \Leftrightarrow \quad \hat\lambda = \sqrt{\frac{n}{\sum_{i=1}^{n} x_i^2}}$$

$$\frac{\partial^2}{(\partial\lambda)^2} \ln \mathcal{L}_\lambda(x_1,\ldots,x_n) = -\frac{2n}{\lambda^2} - \sum_{i=1}^{n} x_i^2 < 0 \quad \rightsquigarrow \quad \text{Maximum}$$

Aufgabe 3.1.4 Pareto-Verteilung

(a)

$$\mathcal{L}_\mu(x_1,\ldots,x_n) = \prod_{i=1}^{n} f_\mu(x_i)$$

$$= \prod_{i=1}^{n} \frac{1}{\sqrt{4\pi}\cdot x_i} \cdot e^{-\frac{(\ln x_i - \mu)^2}{4}}$$

$$= (4\pi)^{-\frac{n}{2}} \cdot \prod_{i=1}^{n} \frac{1}{x_i} \cdot e^{-\frac{(\ln x_i - \mu)^2}{4}} \longrightarrow \max_\mu$$

$$\ln \mathcal{L}_\lambda(x_1,\ldots,x_n) = \sum_{i=1}^{n} \ln f_\mu(x_i)$$

$$= -\frac{n}{2}\ln(4\pi) - \sum_{i=1}^{n} \ln x_i - \frac{1}{4} \sum_{i=1}^{n} (\ln x_i - \mu)^2 \longrightarrow \max_\mu$$

$$\frac{\partial}{\partial \mu} \ln \mathcal{L}_\mu(x_1, \ldots, x_n) = -\frac{1}{4} \cdot \sum_{i=1}^{n} 2 \cdot (\ln x_i - \mu) \cdot (-1) = \frac{1}{2} \cdot \sum_{i=1}^{n} \ln x_i - \frac{n}{2} \cdot \mu = 0$$

$$\hat{\mu} = \frac{1}{n} \sum_{i=1}^{n} \ln x_i$$

$$\frac{\partial^2}{\partial \mu^2} \ln \mathcal{L}_\mu(x_1, \ldots, x_n) = -\frac{n}{2} < 0 \quad \text{für} \quad n > 0 \quad \Rightarrow \quad \text{Maximum}$$

(b)

$$\hat{\mu} = \frac{1}{10} \cdot \sum_{i=1}^{10} \ln x_i = \frac{1}{10} \cdot \frac{20}{3} = \frac{2}{3}$$

Aufgabe 3.1.5 Boolean Speedy

(a)

$$\mathcal{L}_p(x_1, \ldots, x_n) = \prod_{i=1}^{n} f_p(x_i)$$

$$= \prod_{i=1}^{n} p^{x_i} (1 - p)^{(1 - x_i)}$$

$$= p^{\sum_{i=1}^{n} x_i} \cdot (1 - p)^{n - \sum_{i=1}^{n} x_i}$$

$$\ln \mathcal{L}_p(x_1, \ldots, x_n) = \sum_{i=1}^{n} x_i \ln p + \left(n - \sum_{i=1}^{n} x_i \right) \ln(1 - p) \longrightarrow \max_p$$

$$\frac{\partial}{\partial p} \ln \mathcal{L}_p(x_1, \ldots, x_n) = \frac{1}{p} \sum_{i=1}^{n} x_i + \frac{1}{1 - p} \left(n - \sum_{i=1}^{n} x_i \right) (-1) = 0$$

$$\Leftrightarrow \quad \hat{p} = \frac{1}{n} \sum_{i=1}^{n} x_i = \bar{x}$$

$$\frac{\partial^2}{(\partial p)^2} \ln \mathcal{L}_p(x_1, \ldots, x_n) = -\frac{1}{p^2} \sum_{i=1}^{n} x_i - \frac{1}{(1 - p)^2} \left(n - \sum_{i=1}^{n} x_i \right) < 0$$

$$\rightsquigarrow \quad \text{Maximum}$$

(b)

$$E(\bar{X}) = \frac{1}{n} \sum_{i=1}^{n} E(X_i) = p$$

$$\text{MSE}(\bar{X}) = \text{Var}(\bar{X}) = \frac{1}{n^2} \sum_{i=1}^{n} \text{Var}(X_i) = \frac{p(1 - p)}{n} \to 0 \quad \text{für} \quad n \to \infty$$

Aufgabe 3.1.6 Allgemeine Herangehensweise für Parameterschätzung in R

Um die Log-Likelihoodfunktion zu maximieren, muss man die negative Log-Likelihood-funktion (mittels verschiedener in R implementierter Lösungsalgorithmen[1]) minimieren. $f \to \max$ ist die gleiche Problemstellung wie $-f \to \min$.

Viele Maximum-Likelihood-Schätzer sind bereits in R-Funktionen verfügbar oder lassen sich sehr einfach exakt berechnen. Nichtsdestoweniger soll in der Lösung ein allgemeiner Weg aufgezeigt werden.

$$L_\lambda(\underline{x}) = \prod_{i=1}^{n} \lambda \, \exp(-\lambda \, x_i) = \lambda^n \, \exp(-\lambda \, n \, \bar{x})$$

$$\ln L_\lambda(\underline{x}) = n \, \ln \lambda \, - \, n \, \lambda \, \bar{x}$$

```
# Exponentialverteilung
n <- 100
lambda <- 5
set.seed(120)
x <- rexp(n, rate=lambda)
# Negative Log-Likelihood-Funktion
neg_log_lhood <- function(lambda)
{
  -1 * (n * log(lambda) - lambda * sum(x))
}
fit <- nlminb(1, neg_log_lhood,lower=1)
fit
fit$par
# Simulationsstudie
m <- 10^4
set.seed(120)
lambda_hat <- numeric(m)
for (i in c(1:m))
{
  x <- rexp(n, rate=lambda)
  lambda_hat[i] <- nlminb(1, neg_log_lhood,lower=1)$par
}
mean(lambda_hat)
sd(lambda_hat)
```

```
> # Exponentialverteilung
> n <- 100
> lambda <- 5
> set.seed(120)
> x <- rexp(n, rate=lambda)
> # Negative Log-Likelihood-Funktion
> neg_log_lhood <- function(lambda)
+ {
+   -1 * (n * log(lambda) - lambda * sum(x))
+ }
> fit <- nlminb(1, neg_log_lhood,lower=1)
> fit
```

---

[1] nlminb, Rsolnp, nlm o. ä.

```
13  $par
14  [1]  4.984507
15
16  $objective
17  [1]  -60.63344
18
19  $convergence
20  [1]  0
21
22  $iterations
23  [1]  9
24
25  $evaluations
26  function  gradient
27         10         12
28
29  $message
30  [1]  "relative  convergence  (4)"
31
32  > fit$par
33  [1]  4.984507
34  > # Simulationsstudie
35  > m  <- 10^4
36  > set.seed(120)
37  > lambda_hat  <- numeric(m)
38  > for  (i  in  c(1:m))
39  + {
40  +    x  <- rexp(n,  rate=lambda)
41  +    lambda_hat[i]  <- nlminb(1,  neg_log_lhood,lower=1)$par
42  + }
43  > mean(lambda_hat)
44  [1]  5.047462
45  > sd(lambda_hat)
46  [1]  0.5124679
```

5.3.2 Konfidenzintervalle

Aufgabe 3.2.1 Papyrus

(a) $\bar{x} = 24{,}2$

$s = \sqrt{9{,}8}$

$t_{9.999,\,0{,}975} \approx z_{0{,}975} = 1{,}96$

$n = 10.000$

$$
\begin{aligned}
\mathrm{KI}_{0{,}95} &= \left[\bar{x} - \frac{s}{\sqrt{n}} t_{n-1,1-\frac{\alpha}{2}}, \bar{x} + \frac{s}{\sqrt{n}} t_{n-1,1-\frac{\alpha}{2}} \right] \\
&= \left[24{,}2 - \frac{\sqrt{9{,}8}}{\sqrt{10.000}} \cdot 1{,}96, 24{,}2 + \frac{\sqrt{9{,}8}}{\sqrt{10.000}} \cdot 1{,}96 \right] \\
&= [24{,}1386, 24{,}2613]
\end{aligned}
$$

(b) $z_{0,995} = 2{,}5758$

$\sigma^2 = 10$

$$2\frac{\sigma}{\sqrt{n}}z_{0,995} = 2\frac{\sqrt{10}}{\sqrt{n}} \cdot 2{,}5758 \le 0{,}1$$

$$\frac{1}{\sqrt{n}} \le 0{,}006138$$

$$\sqrt{n} \ge 162{,}9195$$

$$n \ge 26.542{,}76, \quad n_{\min} = 26.543$$

(c) $24{,}2266 - 24{,}1734 = 0{,}0532$

$$2\frac{\sigma}{\sqrt{n}}z_{1-\frac{\alpha}{2}} = 0{,}0532$$

$$2\frac{\sqrt{10}}{\sqrt{n}}z_{1-\frac{\alpha}{2}} = 0{,}0532$$

$$z_{1-\frac{\alpha}{2}} = 0{,}8412$$

$$1 - \frac{\alpha}{2} = \Phi(0{,}84)$$

$$\alpha \approx 40{,}1\,\%$$

Aufgabe 3.2.2 Simulationsstudie Konfidenzintervalle

```
expl <- read.csv("explosionen.csv", header = TRUE)
expl <- expl[,2]

lambda_hat <- 1 / mean(expl) # Schaetzer fuer lambda
n <- length(expl)
alpha <- 0.05
L <- lambda_hat * (1 - qnorm(1 - alpha/2) / sqrt(n))   # Untere Grenze
    des Konfidenzintervalles
U <- lambda_hat * (1 + qnorm(1 - alpha/2) / sqrt(n))   # Obere Grenze des
    Konfidenzintervalles
KI <- c(L,U)
KI

N <- 10^5
n <- 100
lambda <- 30
alpha <- 0.05
interv_bool <- numeric(N)
set.seed(5513)
for (i in c(1:N))
{
  x <- rexp(n, lambda) # simulierte Stichprobe
  lambda_hat <- 1 / mean(x) # Schätzung
  L <- lambda_hat * (1 - qnorm(1 - alpha/2) / sqrt(n))   # Untere Grenze
      des Konfidenzintervalles
  U <- lambda_hat * (1 + qnorm(1 - alpha/2) / sqrt(n))   # Obere Grenze
      des Konfidenzintervalles
```

```
24  ### Variante 1 ###
25  interv_bool[i] <- lambda > U || lambda < L
26  ### Variante 2 ###
27  if (lambda <= U && lambda >= L)
28  {
29    interv_bool[i] <- 0 # wahrer Parameter liegt innerhalb des
        Konfidenzintervalles
30  }
31  else
32  {
33    interv_bool[i] <- 1 # wahrer Parameter liegt ausserhalb des
        Konfidenzintervalles
34  }
35  }
36  mean(interv_bool)
```

```
1  > expl <- read.csv("explosionen.csv", header = TRUE)
2  > expl <- expl[,2]
3  >
4  > lambda_hat <- 1 / mean(expl) # Schaetzer fuer lambda
5  > lambda_hat
6  [1] 26.53193
7  > n <- length(expl)
8  > alpha <- 0.05
9  > L <- lambda_hat * (1 - qnorm(1 - alpha/2) / sqrt(n))  # Untere Grenze
      des Konfidenzintervalles
10  > U <- lambda_hat * (1 + qnorm(1 - alpha/2) / sqrt(n))  # Obere Grenze
      des Konfidenzintervalles
11  > KI <- c(L,U)
12  > KI
13  [1] 28.10404 31.29767
14  >
15  > N <- 10^5
16  > n <- 100
17  > lambda <- 30
18  > alpha <- 0.05
19  > interv_bool <- numeric(N)
20  > set.seed(5513)
21  > for (i in c(1:N))
22  + {
23  +   x <- rexp(n, lambda) # simulierte Stichprobe
24  +   lambda_hat <- 1 / mean(x)
25  +   L <- lambda_hat * (1 - qnorm(1 - alpha/2) / sqrt(n))  # Untere
      Grenze des Konfidenzintervalles
26  +   U <- lambda_hat * (1 + qnorm(1 - alpha/2) / sqrt(n))  # Obere Grenze
      des Konfidenzintervalles
27  +   if (lambda <= U && lambda >= L)
28  +   {
29  +     interv_bool[i] <- 0 # wahrer Parameter liegt innerhalb des
      Konfidenzintervalles
30  +   }
31  +   else
32  +   {
33  +     interv_bool[i] <- 1 # wahrer Parameter liegt ausserhalb des
      Konfidenzintervalles
34  +   }
35  + }
36  > mean(interv_bool)
37  [1] 0.04986
```

Aufgabe 3.2.3 Frau Fischer

X – Wartezeit in h
$\bar{x} = 3{,}5$
$X \sim N(\mu, \sigma^2)$

(a)

$$
\begin{aligned}
\mathrm{KI}_{0{,}95} &= \left[\bar{x} - \frac{\sigma}{\sqrt{n}} z_{1-\frac{\alpha}{2}}, \bar{x} + \frac{\sigma}{\sqrt{n}} z_{1-\frac{\alpha}{2}} \right] \\
&= \left[3{,}5 - \frac{1}{\sqrt{10}} \cdot 1{,}96, 3{,}5 + \frac{1}{\sqrt{10}} \cdot 1{,}96 \right] \\
&= [2{,}880,\ 4{,}120] \\
&= [172{,}81161\,\mathrm{min},\ 247{,}18839\,\mathrm{min}]
\end{aligned}
$$

(b) Da 4 h im obigen Konfidenzintervall liegt, ist die Wartezeit nicht signifikant von 4 h verschieden.

(c) $P(\mu \in \mathrm{KI}_{0{,}95}) = 0{,}95$

(d)

$$
2 \cdot \frac{\sigma}{\sqrt{n}} z_{1-\frac{\alpha}{2}} \leq 1
$$

$$
\sqrt{n} \geq 2\sigma z_{1-\frac{\alpha}{2}}
$$

$$
n \geq \left(2\sigma z_{1-\frac{\alpha}{2}} \right)^2 = 15{,}36 \quad \Rightarrow n_{\min} = 16
$$

(e)

$$
\begin{aligned}
\mathrm{KI}_{0{,}95} &= \left[\bar{x} - \frac{s}{\sqrt{n}} t_{n-1, 1-\frac{\alpha}{2}}, \bar{x} + \frac{s}{\sqrt{n}} t_{n-1, 1-\frac{\alpha}{2}} \right] \\
&= \left[3{,}5 - \frac{0{,}75}{\sqrt{10}} \cdot 2{,}262, 3{,}5 + \frac{0{,}75}{\sqrt{10}} \cdot 2{,}262 \right] \\
&= [2{,}9635,\ 4{,}0365] \\
&= [177{,}81118\,\mathrm{min},\ 242{,}18882\,\mathrm{min}]
\end{aligned}
$$

Aufgabe 3.2.4 Zu bequem

X – Preis in Euro
$\bar{x} = 123{,}2$
$n = 25$
$s = 13{,}8$
$X \sim N(\mu, \sigma^2)$

(a)

$$\mathrm{KI}_{0,95} = \left[\bar{x} - \frac{s}{\sqrt{n}} t_{n-1,1-\frac{\alpha}{2}}, \bar{x} + \frac{s}{\sqrt{n}} t_{n-1,1-\frac{\alpha}{2}} \right]$$

$$= \left[123,2 - \frac{13,8}{\sqrt{25}} \cdot 2,064, \, 123,2 + \frac{13,8}{\sqrt{25}} \cdot 2,064 \right]$$

$$= [117,503, 128,897]$$

(b) $P(\mu \notin \mathrm{KI}_{0,95}) = 0,05$

(c)

$$2 \cdot \frac{\sigma}{\sqrt{n}} z_{1-\frac{\alpha}{2}} \le 0,8$$

$$\sqrt{n} \ge 2,5 \, \sigma \, z_{1-\frac{\alpha}{2}}$$

$$n \ge (2,5 \, \sigma \, z_{1-\frac{\alpha}{2}})^2 = 4.572,464 \quad \Rightarrow n_{\min} = 4.573$$

(d)

$$\mathrm{KI}_{0,95} = \left[\bar{x} - \frac{\sigma}{\sqrt{n}} z_{1-\frac{\alpha}{2}}, \bar{x} + \frac{\sigma}{\sqrt{n}} z_{1-\frac{\alpha}{2}} \right]$$

$$= \left[123,2 - \frac{15}{\sqrt{25}} \cdot 2,5758, \, 123,2 + \frac{15}{\sqrt{25}} \cdot 2,5758 \right]$$

$$= [115,4726, 130,9274]$$

5.3.3 Signifikanztests

5.3.3.1 Einstichprobentests

Aufgabe 3.3.1 Telefonieren am Steuer I

```
rm(list = ls(all = TRUE)) #---> Arbeitsspeicher bereinigen
ls()
setwd("C:/")
getwd()
### Datenimport ###
RZ <- as.numeric(as.matrix(read.csv(file="Autofahrer.csv",header=FALSE))
    )
### Stichprobenumfang, Mittelwert, Stichprobenstandardabweichung ###
n <- length(RZ)
m <- mean(RZ)
sd <- sd(RZ)
summary(RZ)
### T-Test ###
mu0 <- 730
alpha <- 0.05
# Variante 1
# Teststatistik
test <- (m - mu0) / sd * sqrt(n)
test
```

```
19  # kritischer Wert
20  qt(alpha, df = n-1) # p-Wert
21  pt(test, df = n-1)
22  # Variante 2 - Funktion t.test
23  ?t.test
24  t.test(RZ,alternative="less",mu=mu0,conf.level=alpha)
25  # Gütefunktion
26  mu1 <- 726
27  pnorm(qnorm(alpha) + (mu0 - mu1)/sd(RZ) * sqrt(n),mean=0,sd=1)
```

```
1   > rm(list = ls(all = TRUE)) #---> Arbeitsspeicher bereinigen
2   > ls()
3   character(0)
4   > setwd("C:/")
5   > getwd()
6   [1] "C:/"
7   > ### Datenimport ###
8   > RZ <- as.numeric(as.matrix(read.csv(file="Autofahrer.csv",header=FALSE
       )))
9   > ### Stichprobenumfang, Mittelwert, Stichprobenstandardabweichung ###
10  > n <- length(RZ)
11  > m <- mean(RZ)
12  > sd <- sd(RZ)
13  > summary(RZ)
14     Min. 1st Qu.  Median    Mean 3rd Qu.     Max.
15    281.5   611.6   707.0   708.3   806.9   1221.0
16  > ### T-Test ###
17  > mu0 <- 730
18  > alpha <- 0.05
19  > # Variante 1
20  > # Teststatistik
21  > test <- (m - mu0) / sd * sqrt(n)
22  > test
23  [1] -4.816827
24  > # kritischer Wert
25  > qt(alpha,df = n-1)
26  [1] -1.64638
27  > pt(test, df = n-1) # p-Wert
28  [1] 8.422159e-07
29  > # Variante 2 - Funktion t.test
30  > ?t.test
31  > t.test(RZ,alternative="less",mu=mu0,conf.level=alpha)
32
33          One Sample t-test
34
35  data:  RZ
36  t = -4.8168, df = 999, p-value = 8.422e-07
37  alternative hypothesis: true mean is less than 730
38  5 percent confidence interval:
39       -Inf 700.9298
40  sample estimates:
41  mean of x
42   708.3349
43
44  > # Gütefunktion
45  > mu1 <- 726
46  > pnorm(qnorm(alpha) + (mu0 - mu1)/sd(RZ) * sqrt(n),mean=0,sd=1)
47  [1] 0.2249655
```

Aufgabe 3.3.2 Telefonieren am Steuer II
Gegeben:

$\bar{x} = 718 \, \text{ms}$

$s^2 = 534 \, \text{ms}^2$

X – „Reaktionszeit"

$X \sim N(\mu, \sigma^2)$

(a)

Hypothesen: H_0: $\mu \geq 730 \, \text{ms}$ gegen H_1: $\mu < 730 \, \text{ms}$

Prüfgröße: $T = \dfrac{\bar{X} - \mu_0}{S} \sqrt{n}$

$$t = \frac{718 - 730}{23,1084} \sqrt{20}$$

$$= -2,3223$$

kritischer Wert: $-t_{n-1, 1-\alpha} = -t_{19, 0,95} = -1,729$

Entscheidung: $t = -2,3223 < -1,729 = -t_{19, 0,95}$ $\Rightarrow$ H_0 wird abgelehnt.

Zu einem SN von 95 % kann statistisch bewiesen werden, dass die Reaktionszeit unter 730 ms liegt.

(b)

$P(\text{„Nullhypothese ablehnen"} \,|\, \mu = \mu_1)$

$$\mu_1 = 726 \, \text{ms}$$

$$P_{\mu_1}(t < -z_{0,95}) = P_{\mu_1}\left(\frac{\bar{x} - \mu_0}{\sigma} \sqrt{n} < -z_{0,95}\right)$$

$$= P_{\mu_1}\left(\bar{x} < \frac{-z_{0,95} \cdot \sigma}{\sqrt{n}} + \mu_0\right)$$

$$= P_{\mu_1}\left(\frac{\bar{x} - \mu_1}{\sigma} \sqrt{n} < -z_{0,95} + \frac{\mu_0 - \mu_1}{\sigma} \sqrt{n}\right)$$

$$= \Phi\left(-1,6449 + \frac{730 - 726}{23,4520} \sqrt{20}\right)$$

$$= \Phi(-0,88)$$

$$= 1 - \Phi(0,88)$$

$$= 0,1894$$

Die Nullhypothese wäre mit einer Wahrscheinlichkeit von 18,94 % *zurecht* abgelehnt worden.

Aufgabe 3.3.3 Sachsen vs. Schwaben

(a)

$$\text{Hypothesen:} \quad H_0: p \leq p_0 = \frac{1}{3} \quad \text{vs.} \quad H_1: p > p_0$$

$$\hat{p} = \frac{12}{24} = 0{,}5, \quad n\hat{p}(1-\hat{p}) = 6 > 5.$$

ZGWS $\quad \Rightarrow$ Approximativer Binomialtest

$$\text{Testgröße:} \quad t = \frac{\hat{p} - p_0}{\sqrt{p_0(1-p_0)}}\sqrt{n} = \frac{\frac{1}{2} - \frac{1}{3}}{\sqrt{1/3 \cdot 2/3}}\sqrt{24} = 1{,}732$$

$$\text{kritischer Wert:} \quad z_{1-\alpha} = z_{0{,}95} = 1{,}6449$$

$$\text{Entscheidung:} \quad t > z_{1-\alpha} \quad \Rightarrow \quad H_0 \text{ wird abgelehnt}$$

$\Rightarrow$ Zu einem SN von 5 % kann nachgewiesen werden, dass Mitarbeiter O schwäbisch besser versteht.

(b)

$$\text{Entscheidung:} \ H_0 \text{ ablehnen, falls:} \quad T > z_{1-\alpha}$$

$$\frac{\hat{p} - p_0}{\sqrt{p_0(1-p_0)}}\sqrt{n} > z_{0{,}99}$$

$$\sqrt{n} > \frac{z_{0{,}99} \cdot \sqrt{p_0(1-p_0)}}{\hat{p} - p_0}$$

$$n > \left(\frac{z_{0{,}99} \cdot \sqrt{p_0(1-p_0)}}{\hat{p} - p_0}\right)^2$$

$$n > 43{,}293 \quad \Rightarrow n_{\min} = 44$$

(c) **Vorgehensweise:**

I) Gesuchte Wahrscheinlichkeit formulieren und Testentscheidungskriterium finden.

$$P(\text{„}H_0 \text{ ablehnen"} \,|\, H_1: p = p_1) = G(p_1) = P_{p_1}\left(\frac{\hat{p} - p_0}{\sqrt{p_0(1-p_0)}}\sqrt{n} > z_{1-\alpha}\right)$$

II) nach dem geschätzten Wert umstellen (nach $\hat{p}$)

$$= P_{p_1}\left(\hat{p} > \frac{\sqrt{p_0(1-p_0)}}{\sqrt{n}}z_{1-\alpha} + p_0\right)$$

III) Standardisierung

$$E(\hat{p}) = p_1, \quad \text{Var}(\hat{p}) = \frac{p_1(1-p_1)}{n}$$

$$= P_{p_1}\left(\frac{\hat{p} - p_1}{\sqrt{p_1(1-p_1)}} \sqrt{n} > \frac{\left(\frac{\sqrt{p_0(1-p_0)}}{\sqrt{n}} z_{1-\alpha} + p_0 \right) - p_1}{\sqrt{p_1(1-p_1)}} \sqrt{n} \right)$$

$$= P_{p_1}\left(\frac{\hat{p} - p_1}{\sqrt{p_1(1-p_1)}} \sqrt{n} > \frac{p_0 - p_1}{\sqrt{p_1(1-p_1)}} \sqrt{n} + \frac{\sqrt{p_0(1-p_0)}}{\sqrt{p_1(1-p_1)}} z_{1-\alpha} \right)$$

IV) Wahrscheinlichkeit bestimmen

$$\left(\frac{\hat{p} - p_1}{\sqrt{p_1(1-p_1)}} \sqrt{n} \right) \overset{\text{approx.}}{\sim} N(0,1)$$

$$\approx 1 - \Phi\left(\frac{p_0 - p_1}{\sqrt{p_1(1-p_1)}} \sqrt{n} + \frac{\sqrt{p_0(1-p_0)}}{\sqrt{p_1(1-p_1)}} z_{1-\alpha} \right)$$

$$P_{p_1=0,4}(\text{„Fehler zweiter Art“})$$

$$= 1 - G(0,4) = \Phi\left(\frac{1/3 - 0,4}{\sqrt{0,4(1-0,4)}} \sqrt{24} + \frac{\sqrt{2/9}}{\sqrt{0,4(1-0,4)}} 1,6449 \right)$$

$$= \Phi(0,92) = 0,8212.$$

Aufgabe 3.3.4 Sonntagsfrage

```
Sonntagsfrage <- read.csv("Sonntagsfrage.csv", header = TRUE)

# Aufgabenteil a)

CDU <- as.numeric(Sonntagsfrage[,2] == "CDU/CSU")
binom.test(sum(CDU), n = length(CDU), p = 0.415, alternative = "two.
    sided") # Exakter Binomialtest

# Aufgabenteil b)

CDU <- Sonntagsfrage[which(Sonntagsfrage[,2] == "CDU/CSU"),3]
nicht_CDU <- Sonntagsfrage[which(Sonntagsfrage[,2] != "CDU/CSU"),3]

var.test(CDU, nicht_CDU, ratio = 1, alternative = "two.sided")
t.test(CDU, nicht_CDU, alternative = "two.sided", paired = FALSE, var.
    equal = FALSE)
```

```
> Sonntagsfrage <- read.csv("Sonntagsfrage.csv", header = TRUE)
>
> # Aufgabenteil a)
>
> CDU <- as.numeric(Sonntagsfrage[,2] == "CDU/CSU")
> binom.test(sum(CDU), n = length(CDU), p = 0.415, alternative = "two.
  sided") # Exakter Binomialtest

        Exact binomial test

data:  sum(CDU) and length(CDU)
number of successes = 1053, number of trials = 2501, p-value = 0.5427
alternative hypothesis: true probability of success is not equal to
    0.415
95 percent confidence interval:
 0.4015839 0.4406644
sample estimates:
probability of success
            0.4210316


>
> # Aufgabenteil b)
>
> CDU <- Sonntagsfrage[which(Sonntagsfrage[,2] == "CDU/CSU"),3]
> nicht_CDU <- Sonntagsfrage[which(Sonntagsfrage[,2] != "CDU/CSU"),3]
>
> var.test(CDU, nicht_CDU, ratio = 1, alternative = "two.sided")

        F test to compare two variances

data:  CDU and nicht_CDU
F = 1.197, num df = 1052, denom df = 1447, p-value = 0.001616
alternative hypothesis: true ratio of variances is not equal to 1
95 percent confidence interval:
 1.070307 1.339995
sample estimates:
ratio of variances
          1.196978

> t.test(CDU, nicht_CDU, alternative = "two.sided", paired = FALSE, var.
  equal = FALSE)

        Welch Two Sample t-test

data:  CDU and nicht_CDU
t = 41.9419, df = 2143.388, p-value < 2.2e-16
alternative hypothesis: true difference in means is not equal to 0
95 percent confidence interval:
 12.94642 14.21647
sample estimates:
mean of x mean of y
 58.45299  44.87155
```

Aufgabe 3.3.5 Zuckergehalt in Fruchtsäften

(a) H_0: $\mu \leq \mu_0$ gegen H_1: $\mu > \mu_0$

(b)
$$G(\mu) = P_\mu(T > z_{1-\alpha})$$

$$= P_\mu\left(\frac{\bar{X} - \mu_0}{\sigma}\sqrt{n} > z_{1-\alpha}\right)$$

$$= P_\mu\left(\bar{X} > z_{1-\alpha}\frac{\sigma}{\sqrt{n}} + \mu_0\right)$$

$$= P_\mu\left(\frac{\bar{X} - \mu}{\sigma}\sqrt{n} > z_{1-\alpha} + \frac{\mu_0 - \mu}{\sigma}\sqrt{n}\right)$$

$$= 1 - \Phi\left(z_{1-\alpha} + \frac{\mu_0 - \mu}{\sigma}\sqrt{n}\right)$$

(c)
$$1 - \Phi\left(z_{0,95} + \frac{\mu_0 - \mu}{\sigma}\sqrt{n}\right) \geq 0,975$$

$$\Phi\left(z_{0,95} + \frac{\mu_0 - \mu}{\sigma}\sqrt{n}\right) \leq 0,025$$

$$z_{0,95} + \frac{\mu_0 - \mu}{\sigma}\sqrt{n} \leq z_{0,025}$$

$$\sqrt{n} \geq \frac{\sigma(z_{0,025} - z_{0,095})}{\mu_0 - \mu}$$

$$n \geq \left(\frac{\sigma(z_{0,025} - z_{0,095})}{\mu_0 - \mu}\right)^2$$

$$n \geq \left(\frac{4(-1,96 - 1,6449)}{-1}\right)^2$$

$$n \geq 207,9 \quad \rightarrow n_{\min} = 208$$

Aufgabe 3.3.6 Stromerzeuger und Marktführer

Ⓡ

```
# Approximativer Binomialtest

market_size <- read.csv("market_size.csv", header = TRUE)

market_share <- read.csv("market_share.csv", header = TRUE)

head(market_share)
head(market_size)
```

```
marktfuehrer <- market_share[which(market_size[,"TIME"] == 2010),"Value"
    ]/100 *
  market_size[which(market_size[,"TIME"] == 2010),"Value"] # produzierte
    Menge des Markführers pro Land
nicht_marktfuehrer <- market_size[which(market_size[,"TIME"] == 2010),"
    Value"] - marktfuehrer # Menge pro Land, die nicht vom Marktführer
    produziert wurde

EU_marktfuehrer <- sum(marktfuehrer, na.rm = TRUE) # Gesamt-EU:
    produzierte Menge des Marktführers
EU_nicht_marktfuehrer <- sum(nicht_marktfuehrer, na.rm = TRUE) # Gesamt-
    EU: nicht vom Marktführer produzierte Menge

n <- EU_marktfuehrer + EU_nicht_marktfuehrer # Gesamte produzierte Menge
    in GWh

prop.test(EU_marktfuehrer, n = n, p = 0.433, alternative = "greater")
```

```
> # Approximativer Binomialtest
>
> market_size <- read.csv("market_size.csv", header = TRUE)
>
> market_share <- read.csv("market_share.csv", header = TRUE)
>
> head(market_share)
  TIME                                             GEO    UNIT
        PRODUCT
1 1999                                         Belgien Prozent
    Infrastruktur
2 1999                            Tschechische Republik Prozent
    Infrastruktur
3 1999                                         Dänemark Prozent
    Infrastruktur
4 1999 Deutschland (bis 1990 früheres Gebiet der BRD) Prozent
    Infrastruktur
5 1999                                          Estland Prozent
    Infrastruktur
6 1999                                            Irland Prozent
    Infrastruktur

                                                       INDIC_EN Value
1 Marktanteil des größten Erzeugers im Strommarkt - als Prozentsatz des
    Gesamtmarktes  92.3
2 Marktanteil des größten Erzeugers im Strommarkt - als Prozentsatz des
    Gesamtmarktes  71.0
3 Marktanteil des größten Erzeugers im Strommarkt - als Prozentsatz des
    Gesamtmarktes  40.0
4 Marktanteil des größten Erzeugers im Strommarkt - als Prozentsatz des
    Gesamtmarktes  28.1
5 Marktanteil des größten Erzeugers im Strommarkt - als Prozentsatz des
    Gesamtmarktes  93.0
6 Marktanteil des größten Erzeugers im Strommarkt - als Prozentsatz des
    Gesamtmarktes  97.0
```

```
22  > head(market_size)
23    TIME                                        GEO            UNIT
            PRODUCT
24  1 1999                                    Belgien Gigawattstunde
      Elektrizität
25  2 1999                       Tschechische Republik Gigawattstunde
      Elektrizität
26  3 1999                                    Dänemark Gigawattstunde
      Elektrizität
27  4 1999 Deutschland (bis 1990 früheres Gebiet der BRD) Gigawattstunde
      Elektrizität
28  5 1999                                     Estland Gigawattstunde
      Elektrizität
29  6 1999                                      Irland Gigawattstunde
      Elektrizität
30                                 INDIC_NRG    Value
31  1 Bruttoelektrizitätserzeugung insgesamt    84514
32  2 Bruttoelektrizitätserzeugung insgesamt    64694
33  3 Bruttoelektrizitätserzeugung insgesamt    38921
34  4 Bruttoelektrizitätserzeugung insgesamt   556300
35  5 Bruttoelektrizitätserzeugung insgesamt     8281
36  6 Bruttoelektrizitätserzeugung insgesamt    22009
37  >
38  > marktfuehrer <- market_share[which(market_size[,"TIME"] == 2010),"
      Value"]/100 *
39  +     market_size[which(market_size[,"TIME"] == 2010),"Value"] #
      produzierte Menge des Markführers pro Land
40  > nicht_marktfuehrer <- market_size[which(market_size[,"TIME"] == 2010)
      ,"Value"] - marktfuehrer # Menge pro Land, die nicht vom Marktführer
      produziert wurde
41  >
42  > EU_marktfuehrer <- sum(marktfuehrer, na.rm = TRUE) # Gesamt-EU:
      produzierte Menge des Marktführers
43  > EU_nicht_marktfuehrer <- sum(nicht_marktfuehrer, na.rm = TRUE) #
      Gesamt-EU: nicht vom Marktführer produzierte Menge
44  >
45  > n <- EU_marktfuehrer + EU_nicht_marktfuehrer # Gesamte produzierte
      Menge in GWh
46  >
47  > prop.test(EU_marktfuehrer, n = n, p = 0.433, alternative = "greater")
48
49    1-sample proportions test with continuity correction
50
51  data:  EU_marktfuehrer out of n, null probability 0.433
52  X-squared = 0.902, df = 1, p-value = 0.1711
53  alternative hypothesis: true p is greater than 0.433
54  95 percent confidence interval:
55   0.4328089 1.0000000
56  sample estimates:
57         p
58  0.4332613
```

Aufgabe 3.3.7 Sonne im Osten Deutschlands

(a)

$$\text{Hypothesen:} \quad H_0: p \leq p_0 = 0,65 \quad \text{gegen} \quad H_1: p > p_0$$

$$\text{Prüfgröße:} \quad T = \frac{\hat{p} - p_0}{\sqrt{p_0(1 - p_0)}} \sqrt{n}$$

$$t = \frac{0,03}{0,4767} \sqrt{1.825}$$

$$= 2,687$$

$$\text{kritischer Wert:} \quad z_{1-\alpha} = z_{0,95} = 1,6449$$

$$\text{Entscheidung:} \quad t = 2,687 > 1,6449 = z_{0,95} \quad \Rightarrow \quad H_0 \text{ wird abgelehnt.}$$

Zu einem Signifikanzniveau von 95 % kann nachgewiesen werden, dass in Frankfurt/ Oder häufiger die Sonne scheint.

(b)

$$\alpha_0 = \inf\{\alpha_0 \in (0, 1): \text{„} H_0 \text{ wird abgelehnt“}\} = \inf\{\alpha_0 \in (0, 1): z_{1-\alpha_0} < 2,6885\}$$

($z_{1-\alpha/2}$ ist stetig und monoton wachsend)

$$t = z_{1-\alpha_0}$$

$$2,6885 = z_{1-\alpha_0}$$

$$\Phi(2,69) = 1 - \alpha_0$$

$$0,9964 = 1 - \alpha_0$$

$$\alpha_0 = 0,0036$$

(c)

$$P(\text{„Nullhypothese ablehnen“} \,|\, p = p_1), \quad p_1 = 0,63$$

$$P_{p_1}(t > z_{0,95}) = P_{p_1}\left(\frac{\hat{p} - p_0}{\sqrt{p_0(1 - p_0)}} \sqrt{n} > z_{0,95}\right)$$

$$= P_{p_1}\left(\hat{p} > z_{0,95} \frac{\sqrt{p_0(1 - p_0)}}{\sqrt{n}} + p_0\right)$$

$$= P_{p_1}\left(\frac{\hat{p} - p_1}{\sqrt{p_1(1 - p_1)}} \sqrt{n} > z_{0,95} \frac{\sqrt{p_0(1 - p_0)}}{\sqrt{p_1(1 - p_1)}} + \frac{p_0 - p_1}{\sqrt{p_1(1 - p_1)}} \sqrt{n}\right)$$

$$\approx 1 - \Phi\left(1,6449 \frac{0,4767}{0,4828} + \frac{0,02}{0,4828} \sqrt{1.825}\right)$$

$$= 1 - \Phi(3,39)$$

$$= 0,0003$$

Mit einer Wahrscheinlichkeit von 0,003 % wird die Nullhypothese fälschlicherweise abgelehnt, wenn die wahre Wahrscheinlichkeit für Sonnenschein bei 63 % liegt.

Aufgabe 3.3.8 Polnischer Aktienmarkt

(a) H_0: $\sigma^2 = \sigma_0^2 = 1$ gegen H_1: $\sigma^2 \neq \sigma_0^2$

(b) $t = (n-1)\frac{s^2}{\sigma_0^2} = 5\frac{1{,}165^2}{1} = 6{,}78613$

(c) Die Teststatistik ist unter der Nullhypothese χ_{n-1}^2 verteilt. Die Dichtefunktion der χ_5^2 ist in Grafik ii. dargestellt.

(d) $\left[\chi_{5,0.25}^2, \chi_{5,0.975}^2\right] = [0{,}831, 12{,}83]$

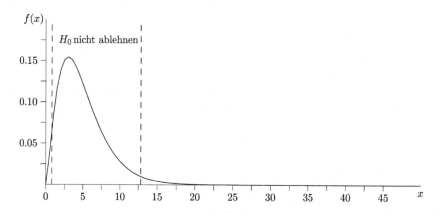

(e) H_0 kann nicht abgelehnt werden. Es kann somit nicht nachgewiesen werden, dass die Varianz ungleich 1 ist.

(f) An dieser Stelle gibt sie die Wahrscheinlichkeit für den Fehler 1. Art an. Dieser ist $\alpha = 5\%$.

(g) $P_{\sigma^2=3,5}$ („Fehler 2. Art") $= 1 - G(3{,}5) = 1 - 0{,}5997112 \approx 0{,}4$

(h) Die Wahrscheinlichkeit, die richtige Testentscheidung zu treffen, wenn die wahre Varianz bei 4 liegt, beträgt rund 67 %.

(i)

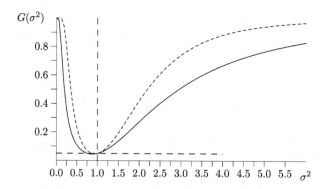

Aufgabe 3.3.9 Marie-Luises Sandburgen

(a)

$$\text{Hypothesen:} \quad H_0: \mu \leq \mu_0 = 1{,}48 \quad \text{gegen} \quad H_1: \mu > \mu_0 = 1{,}48$$

$$\text{Prüfgröße:} \quad \bar{x} = 1{,}52$$

$$t = \frac{\bar{x} - \mu_0}{s} \cdot \sqrt{n} = \frac{1{,}52 - 1{,}48}{0{,}4} \cdot \sqrt{46} = 0{,}67823$$

$$\text{kritischer Wert:} \quad t_{n-1,1-\alpha} = t_{45,\,0{,}95} = 1{,}679 \approx z_{0{,}95} = 1{,}6449$$

$$\text{Entscheidung:} \quad t = 0{,}67823 \not> 1{,}679 = t_{45,\,0{,}95} \quad \Rightarrow \quad H_0 \text{ wird nicht abgelehnt.}$$

Die Behauptung von Marie-Luise lässt sich nicht nachweisen.

(b)

$$G(\mu) = P_\mu \left(\text{„}H_0 \text{ ablehnen“}\right)$$

$$= P_\mu \left(T > z_{0{,}95}\right)$$

$$= 1 - P_\mu \left(T < z_{0{,}95}\right)$$

$$= 1 - P_\mu \left(\frac{\bar{X} - \mu_0}{\sigma}\sqrt{n} < z_{0{,}95}\right)$$

$$= 1 - P_\mu \left(\bar{X} < \frac{\sigma}{\sqrt{n}}z_{0{,}95} + \mu_0\right)$$

$$= 1 - P_\mu \left(\frac{\bar{X} - \mu}{\sigma}\sqrt{n} < z_{0{,}95} + \frac{\mu_0 - \mu}{\sigma}\sqrt{n}\right)$$

$$= 1 - \Phi\left(1{,}6449 + \frac{1{,}48 - \mu}{0{,}5}\sqrt{46}\right)$$

(c) $\mu = 1{,}50 \Rightarrow \mu \in \Theta_1 \Rightarrow$ falsche Entscheidung = Fehler 2. Art

$$P_\mu \left(\text{„}H_0 \text{ nicht ablehnen“} \,|\, \mu = 1{,}50\right) = 1 - G(\mu = 1{,}50)$$

$$= 1 - (1 - \Phi(1{,}37)) = 0{,}9147$$

Die Wahrscheinlichkeit für den Fehler 2. Art beträgt 0,9147, wenn $\mu = 1{,}50$.

Aufgabe 3.3.10 Plagiatsprüfer

(a)

$$\text{Hypothesen:} \quad H_0: \ p \leq p_0 = 0{,}2 \quad \text{vs.} \quad H_1: \ p > p_0$$

$$\hat{p} = \frac{9}{30} = 0{,}3, \quad n\hat{p}(1-\hat{p}) = 6{,}3 > 5.$$

$$\text{ZGWS} \quad \Rightarrow \text{Approximativer Binomialtest}$$

$$\text{Testgröße:} \quad t = \frac{\hat{p} - p_0}{\sqrt{p_0(1-p_0)}}\sqrt{n} = \frac{\frac{3}{10} - \frac{1}{5}}{\sqrt{1/5 \cdot 4/5}}\sqrt{30} = 1{,}369$$

$$\text{kritischer Wert:} \quad z_{1-\alpha} = z_{0,95} = 1{,}6449$$

$$\text{Entscheidung:} \quad t < z_{1-\alpha} \quad \Rightarrow \quad H_0 \text{ kann nicht abgelehnt werden.}$$

$\Rightarrow$ Zu einem SN von 5 % kann nicht nachgewiesen werden, dass Plagiatsprüfer A mit größerer Wahrscheinlichkeit als 20 % ein Plagiat nachweist.

(b)

$$\text{Entscheidung:} \ H_0 \text{ ablehnen, falls:} \quad T > z_{1-\alpha}$$

$$\frac{\hat{p} - p_0}{\sqrt{p_0(1-p_0)}}\sqrt{n} > z_{0,95}$$

$$\sqrt{n} > \frac{z_{0,95} \cdot \sqrt{p_0(1-p_0)}}{\hat{p} - p_0}$$

$$n > \left(\frac{z_{0,95} \cdot \sqrt{p_0(1-p_0)}}{\hat{p} - p_0} \right)^2$$

$$n > 43{,}291 \quad \Rightarrow n_{\min} = 44$$

(c) i. $P(\text{„Fehler 2. Art"} \mid p_1 = 0{,}25) = 1 - G(0{,}25) = 0{,}8133$

ii. Die Wahrscheinlichkeit für den Fehler 1. Art beträgt 0,3 %, wenn die wahre Wahrscheinlichkeit $p_1 = 0{,}15$ ist.

Aufgabe 3.3.11 Volkskrankheit Bluthochdruck

(a) • Parameterschätzung (Punktschätzung)

Stimmenanteil einer Partei bei der nächsten Wahl

• Konfidenzintervall (Bereichsschätzung)

Intervall für die zu erwartende Stimmenanzahl, in der der wahre Wert mit hoher Wahrscheinlichkeit (z. B. 95 %) liegt

• Hypothesentests

Überprüfung, ob die Partei die 5 %-Hürde schafft? ($p > 0{,}05$)

(b) $H_0: \ p \leq p_0 = 0{,}5 \quad \text{gegen} \quad H_1: \ p > p_0$

(c) Hier ist der (exakte) Binomialtest anzuwenden, da die interessierende Variable der Verteilungsklasse der Binomialverteilung zuzuordnen ist und Aussagen über den Verteilungsparameter p getroffen werden sollen.

(d) $n\bar{x} = 7$

(e) 0,1719

Lehne H_0 ab, wenn $M > m_{\text{krit}}$, wobei m_{krit} die kleinste natürliche Zahl, für die gilt:

$P(M > m_{\text{krit}}) = 1 - B(n, p_0)(m_{\text{krit}}) \le \alpha$

$\Rightarrow m_{\text{krit}} = 8$

(f) $n\bar{x} = 7 \le 8 = m_{\text{krit}} \Rightarrow H_0$ nicht ablehnen

Man kann nicht nachweisen, dass das Medikament bei mehr als 50 % der Patienten wirkt.

(g) Die Gütefunktion gibt die Wahrscheinlichkeit an, die Hypothese H_1 anzunehmen, falls der zugrunde liegende Parameter θ ist.

(h) Der Fehler 1. Art kann auftreten, wenn der wahre Parameter im Parameterraum der Nullhypothese liegt und der Test diese zugunsten der Alternativhypothese verwirft. Der Fehler 2. Art tritt dahingegen auf, wenn der wahre Parameter im Paramterraum der Alternativhypothese liegt und der Test die Nullhypothese trotzdessen nicht ablehnt.

(i) Es kann ein Fehler 2. Art auftreten, da $p > p_0$ und der wahre Wert somit im Parameterraum der Alternativhypothese liegt.

(j) i.   Standardnormalverteilung

ii. Student'sche t-Verteilung mit einem Freiheitsgrad (CAUCHY-Verteilung)

iii. Normalverteilung mit $\mu = 2$ und $\sigma^2 = 2$

iv. χ^2-Verteilung mit 3 Freiheitsgraden

Aufgabe 3.3.12 Übelkeit

(a)

$$X_i = \begin{cases} 1 & \text{Patient } i \text{ erkrankt an Übelkeit} \\ 0 & \text{Patient } i \text{ erkrankt nicht an Übelkeit} \end{cases} \overset{\text{iid}}{\sim} B(1, p = P(X = 1))$$

$$\bar{X} = \frac{1}{n} \sum_{i=1}^{n} X_i$$

Hypothesen: H_0: $p \le p_0 = 0{,}5$ gegen H_1: $p > p_0$

Prüfgröße: $M = n\bar{X}$

$m = 7$

Testentscheidung: Lehne H_0 ab, wenn $M > m_{\text{krit}}$, wobei m_{krit} die kleinste natürliche Zahl, für die gilt:

$P(M > m_{\text{krit}}) = 1 - B(n, p_0)(m_{\text{krit}}) \le \alpha$

Verteilungsfunktion der Binomialverteilung:

$$B(n, p)(m) = P(M \le m) = \sum_{i=0}^{m} \binom{n}{i} p^i (1 - p)^{n-i}$$

kritischer Wert:

m	0	1	2	...	7	8	9	10
$P(M \leq m)$	0,0010	0,0107	0,0547	...	0,9453	0,9893	0,9990	1
$P(M > m)$	0,9990	0,9893	0,9453	...	0,0547	0,0107	0,0010	0

$\Rightarrow$ Für $m_{\text{krit}} = 8$ gilt:

$$1 - B(n, p_0)(m_{\text{krit}}) = 0,0107 \leq \alpha = 0,05$$

Entscheidung: $m = 7 < 8 = m_{\text{krit}}$ $\Rightarrow$ H_0 wird nicht abgelehnt.

Die Statistiklerngruppe kann nicht nachweisen, dass die Übelkeit mit einer Wahrscheinlichkeit von mehr als 50 % bei einer Person auftritt.

(b)

$$G(p_1) = P(\text{„}H_0 \text{ ablehnen"} \mid H_1\colon p = p_1) = P_{p_1}(M > m_{\text{krit}})$$
$$= P_{p_1}(n\bar{X} > m_{\text{krit}})$$
$$= 1 - P_{p_1}\left(\underbrace{n\bar{X}}_{\sim B(n,p_1)} \leq m_{\text{krit}} \right)$$
$$= 1 - B(n, p_1)(m_{\text{krit}})$$
$$= 1 - \sum_{i=0}^{m_{\text{krit}}} \binom{n}{i} p_1^i (1 - p_1)^{n-i}$$

(c) $p_1 = 0,45$

$$G(p_1) = P(\text{„}H_0 \text{ ablehnen"} \mid H_1\colon p = p_1) = 1 - 0,9954$$
$$P(\text{Fehler 1. Art}) = 0,0045$$

(d)

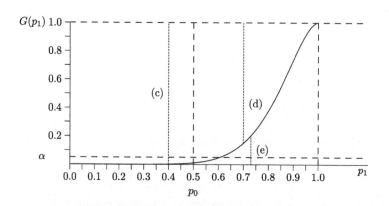

i.   Mit einer Wahrscheinlichkeit von 99,8 % trifft der Test die richtige Entscheidung, wenn die wahre Wahrscheinlichkeit für Übelkeit bei 40 % liegt.

ii. $p_1 = 0{,}7$

$$G(p_1) = P(\text{„}H_0\text{ ablehnen“} \mid H_1\colon p = p_1) = P_{p_1}(M > m_{\text{krit}})$$

$$= P_{p_1}\left(\underbrace{n\bar{X}}_{\sim B(n,p_1)} > m_{\text{krit}}\right)$$

$$= 1 - P_{p_1}(n\bar{X} \le m_{\text{krit}})$$

$$= 1 - B(n, p_1)(m_{\text{krit}})$$

$$= 1 - \sum_{i=0}^{m_{\text{krit}}} \binom{n}{i} p_1^i (1 - p_1)^{n-i}$$

$$P(\text{Fehler 2. Art}) = 1 - G(p_1)$$

$$= \sum_{i=0}^{m_{\text{krit}}} \binom{n}{i} p_1^i (1 - p_1)^{n-i}$$

$$= 0{,}8507$$

iii.   Mit einer Wahrscheinlichkeit von 20,19 % trifft der Test die richtige Entscheidung, wenn die wahre Wahrscheinlichkeit für Übelkeit bei 73 % liegt.

Aufgabe 3.3.13 Gütefunktion

$s^2 = 4{,}5^2 = 20{,}25$, $\sigma_0^2 = 4^2 = 16$, $n = 25$, $\alpha = 0{,}05$.

$$\text{Hypothesen:}\quad H_0\colon \sigma^2 \le \sigma_0^2 \quad \text{gegen} \quad H_1\colon \sigma^2 > \sigma_0^2$$

$$\text{Testgröße:}\quad t = (n-1)\frac{s^2}{\sigma_0^2} = (25-1)\frac{4{,}5^2}{4^2} = 30{,}375$$

$$\text{kritischer Wert:}\quad \chi_{n-1,1-\alpha}^2 = \chi_{24,0{,}95}^2 = 36{,}42$$

$$\text{Entscheidung:}\quad 30{,}375 < 36{,}42 \quad \Rightarrow \quad H_0 \text{ nicht ablehnen}$$

Man kann zum SN 5 % nicht nachweisen, dass die Standardabweichung überschritten wird.

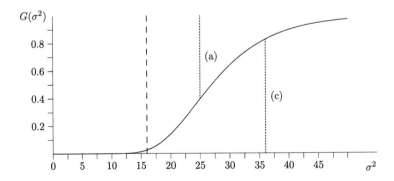

(a) $P_{\sigma^2=25}$ („Fehler 2. Art") $= 1 - G(25) = 1 - 0{,}3953 \approx 0{,}6$

(b) $P_{\sigma^2=9}$ („Fehler 1. Art") ≈ 0

(c) $P_{\sigma^2=36}$ („richtige Entscheidung") $= G(36) = 0{,}8268 \approx 0{,}8$

Aufgabe 3.3.14 Die Hellseherei

(a)

$$\text{Hypothesen:} \quad H_0\colon\ p = p_0 = 0{,}5 \quad \text{gegen} \quad H_1\colon\ p \neq p_0$$

$$\text{Prüfgröße:} \quad M = n\bar{X}$$

$$m = 3$$

Testentscheidung: Lehne H_0 ab, falls $M \notin \left[m^L_{\text{krit}} + 1, m^U_{\text{krit}}\right]$, wobei m^L_{krit} die größte natürliche Zahl, für die gilt:

$$P(M \leq m_{\text{krit}}) = B(n, p_0)(m_{\text{krit}}) \leq \frac{\alpha}{2}$$

m^U_{krit} die kleinste natürliche Zahl, für die gilt:

$$P(M > m_{\text{krit}}) = 1 - B(n, p_0)(m_{\text{krit}}) \leq \frac{\alpha}{2}$$

Verteilungsfunktion der Binomialverteilung:

$$B(n, p)(m) = P(M \leq m) = \sum_{i=0}^{m} \binom{n}{i} p^i (1 - p)^{n-i}$$

kritischer Wert:

m	0	1	2	...	7	8	9	10
$P(M \leq m)$	0,0010	0,0107	0,0547	...	0,9453	0,9893	0,9990	1
$P(M > m)$	0,9990	0,9893	0,9453	...	0,0547	0,0107	0,0010	0

$\Rightarrow$ Für $m^L_{\text{krit}} = 1$ gilt:

$$B(n, p_0)\left(m^L_{\text{krit}}\right) = 0{,}0107 \leq \alpha/2 = 0{,}025$$

$\Rightarrow$ Für $m^U_{\text{krit}} = 8$ gilt:

$$1 - B(n, p_0)\left(m^U_{\text{krit}}\right) = 0{,}0107 \leq \alpha/2 = 0{,}025$$

Entscheidung: $m = 3 \in [2, 8] \quad \Rightarrow \quad H_0$ wird nicht abgelehnt.

Für Hellseher 1 kann nicht nachgewiesen werden, dass die Wahrscheinlichkeit den Münzwurf richtig vorherzusagen signifikant von 50 % abweicht.

(b)

$$\text{Hypothesen:} \quad H_0: \ p = p_0 = 0,5 \quad \text{gegen} \quad H_1: \ p \neq p_0$$

$$\text{Prüfgröße:} \quad M = n\bar{X}$$

$$m = 7$$

Testentscheidung: Lehne H_0 ab, falls $M \notin \left[m_{\text{krit}}^L + 1, m_{\text{krit}}^U \right]$, wobei m_{krit}^L die größte natürliche Zahl, für die gilt:

$$P(M \leq m_{\text{krit}}) = B(n, p_0)(m_{\text{krit}}) \leq \frac{\alpha}{2}$$

m_{krit}^U die kleinste natürliche Zahl, für die gilt:

$$P(M > m_{\text{krit}}) = 1 - B(n, p_0)(m_{\text{krit}}) \leq \frac{\alpha}{2}$$

Verteilungsfunktion der Binomialverteilung:

$$B(n, p)(m) = P(M \leq m) = \sum_{i=0}^{m} \binom{n}{i} p^i (1 - p)^{n-i}$$

kritischer Wert:

m	0	1	2	...	7	8	9	10
$P(M \leq m)$	0,0010	0,0107	0,0547	...	0,9453	0,9893	0,9990	1
$P(M > m)$	0,9990	0,9893	0,9453	...	0,0547	0,0107	0,0010	0

$\Rightarrow$ Für $m_{\text{krit}}^L = 1$ gilt:

$$B(n, p_0) \left(m_{\text{krit}}^L \right) = 0,0107 \leq \alpha/2 = 0,025$$

$\Rightarrow$ Für $m_{\text{krit}}^U = 8$ gilt:

$$1 - B(n, p_0) \left(m_{\text{krit}}^U \right) = 0,0107 \leq \alpha/2 = 0,025$$

Entscheidung: $m = 7 \in [2, 8] \quad \Rightarrow \quad H_0$ wird nicht abgelehnt.

Auch für Hellseher 2 kann nicht nachgewiesen werden, dass die Wahrscheinlichkeit den Münzwurf richtig vorherzusagen signifikant von 50 % abweicht.

(c)

$$G(p_1) = P(\text{„}H_0 \text{ ablehnen“} \,|\, H_1: \ p = p_1)$$

$$= P_{p_1} \left(M > m_{\text{krit}}^U \right) + P_{p_1} \left(M < m_{\text{krit}}^L + 1 \right)$$

$$= 1 - P_{p_1} \left(M \leq m_{\text{krit}}^U \right) + P_{p_1} \left(M \leq m_{\text{krit}}^L \right)$$

$$= 1 - P_{p_1} \left(\underbrace{n\bar{X}}_{\sim B(n, p_1)} \leq m_{\text{krit}}^U \right) + P_{p_1} \left(\underbrace{n\bar{X}}_{\sim B(n, p_1)} \leq m_{\text{krit}}^L \right)$$

$$= 1 - B(n, p_1) \left(m_{\text{krit}}^U \right) + B(n, p_1) \left(m_{\text{krit}}^L \right)$$

$$= 1 - \sum_{i=0}^{m_{\text{krit}}^U} \binom{n}{i} p_1^i (1 - p_1)^{n-i} + \sum_{i=0}^{m_{\text{krit}}^L} \binom{n}{i} p_1^i (1 - p_1)^{n-i}$$

i. $p = 0.7 \in \Theta_1$

$$P(\text{Fehler 2. Art} \,|\, H_1\colon\ p = 0.7) = 1 - G(0.7) = 1 - 0.149 = 0.851$$

ii. $p = 0.3 \in \Theta_1$

$$P(\text{Fehler 2. Art} \,|\, H_1\colon\ p = 0.3) = 1 - G(0.3) = 1 - 0.149 = 0.851$$

iii. $p = 0.5 \in \Theta_0$

$$P(\text{Fehler 1. Art} \,|\, H_0\colon\ p = 0.5) = G(0.5) = 0.0215$$

(d)

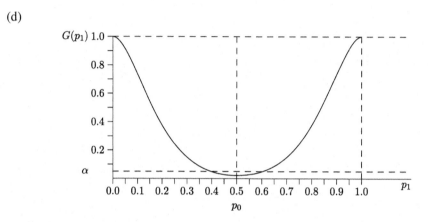

5.3.3.2 Zweistichprobentest

Aufgabe 3.3.15 Europäischer Strommarkt

```
market_size <- read.csv("market_size.csv", header = TRUE)

x1 <- market_size[which(market_size[,1] == 1999),6]
x2 <- market_size[which(market_size[,1] == 2010),6]

var.test(x1, x2, ratio = 1, alternative = "two.sided")

t.test(x1, x2, alternative = "two.sided", paired = TRUE, var.equal =
    TRUE)
```

```
> market_size <- read.csv("market_size.csv", header = TRUE)
>
> x1 <- market_size[which(market_size[,1] == 1999),6]
> x2 <- market_size[which(market_size[,1] == 2010),6]
>
> var.test(x1, x2, ratio = 1, alternative = "two.sided")

    F test to compare two variances

data:  x1 and x2
```

```
11  F = 0.8024, num df = 27, denom df = 27, p-value = 0.5714
12  alternative hypothesis: true ratio of variances is not equal to 1
13  95 percent confidence interval:
14   0.3713372 1.7340260
15  sample estimates:
16  ratio of variances
17            0.802439
18
19  >
20  > t.test(x1, x2, alternative = "two.sided", paired = TRUE, var.equal =
       TRUE)
21
22      Paired t-test
23
24  data:  x1 and x2
25  t = -3.1915, df = 27, p-value = 0.003575
26  alternative hypothesis: true difference in means is not equal to 0
27  95 percent confidence interval:
28   -27108.470  -5892.102
29  sample estimates:
30  mean of the differences
31              -16500.29
```

Aufgabe 3.3.16 R-Fragen

(a) $n = 100$ (Zeile 3)

(b) $\bar{b} = 0,02267$, $s_b^2 = 0,9482^2 = 0,89908$

(c) Stetige Gleichverteilung (auf dem Intervall $[0, 1]$)

(d)

$$\text{Hypothesen:} \quad H_0: \mu_b = 0,2 \quad \text{gegen} \quad H_1: \mu_b \neq 0,2$$

$$\text{Entscheidung} \quad \Rightarrow H_0 \text{ ablehnen.}$$

(e) H_0 nicht ablehnen. Es lässt sich nicht nachweisen, dass der Erwartungswert von b und c verschieden sind.

(f) Da alle Ausprägungen größer 0 sind und die Realisationen nicht auf das Intervall $[0, 1]$ beschränkt sind (es sich um eine schiefe Verteilung handelt), ist es das Histogramm vom Vektor d, welcher Realisationen einer χ^2_{10}-Verteilung darstellt.

(g) Die Linie repräsentiert die theoretische Dichte einer χ^2_{10}-Verteilung.

(h) paired – gibt an, ob ein t-Test für verbundene Stichproben durchgeführt werden soll,

var.equal – gibt an, ob die Varianzen zweier Stichproben als gleich angenommen werden.

Beide Argumente sind Boolesche Variablen, das heißt sie können nur die Werte TRUE oder FALSE annehmen

(i) a[1]

(j) var.test()

5.3.3.3 Tests für Zusammenhangsmaße

Aufgabe 3.3.17 Osterhase

$$\text{Hypothesen:} \quad H_0: R \le 0 \quad \text{gegen} \quad H_1: R > 0$$

$$\text{Prüfgröße:} \quad \hat{R} = 1 - \frac{6\sum_{i=1}^{n}(R(x_i) - R(y_i))^2}{n(n^2-1)}$$

$$= 1 - \frac{6 \cdot 54}{12(12^2-1)}$$

$$= 0{,}8111888$$

$$t = \sqrt{n-1}\,\hat{R} = 2{,}690409$$

$$\text{kritischer Wert:} \quad t = z_{1-\alpha} = 1{,}644854$$

$$\text{Entscheidung:} \quad t = 2{,}690409 > 1{,}644854 = z_{1-\alpha} \quad \Rightarrow \quad H_0 \text{ wird abgelehnt.}$$

Es lässt sich nachweisen, dass ein positiver, monotoner Zusammenhang zwischen X und Y besteht.

Aufgabe 3.3.18 go.green für ein besseres Umweltgefühl

		Farbe (Y)		
		nicht-grün (0)	grün (1)	
Anzahl der	0	11 (8,533)	5 (7,467)	16
Fahrräder	1	9 (8,533)	7 (7,467)	16
(X)	2	4 (6,933)	9 (6,067)	13
		24	21	45

$$\text{Hypothesen:} \quad H_0: X, Y \text{ unabhängig} \quad \text{gegen} \quad H_1: X, Y \text{ abhängig}$$

$$\text{Prüfgröße:} \quad \chi^2 = n \cdot \left(\sum_{i=1}^{k} \sum_{j=1}^{l} \frac{n_{ij}^2}{n_{i\cdot} \cdot n_{\cdot j}} - 1 \right)$$

$$= 45 \cdot \left(\frac{11^2}{16 \cdot 24} + \frac{5^2}{16 \cdot 21} + \frac{9^2}{16 \cdot 24} + \frac{7^2}{16 \cdot 21} + \frac{4^2}{13 \cdot 24} + \frac{9^2}{13 \cdot 21} - 1 \right)$$

$$= 4{,}2419$$

$$\text{kritischer Wert:} \quad \chi^2_{(k-1)(l-1);1-\alpha} = \chi^2_{2;0,95} = 5{,}991465$$

$$\text{Entscheidung:} \quad \chi^2 = 4{,}2419 < 5{,}991465 = \chi^2_{2;0,95} \quad \Rightarrow \quad H_0 \text{ wird nicht abgelehnt.}$$

Man kann nicht nachweisen, dass eine Abhängigkeit zwischen der Anzahl der Fahrräder und der Farbe der Fahrräder besteht.

Aufgabe 3.3.19 Restaurantprüfer Senf

Hypothesen: $H_0: R = 0$ gegen $H_1: R \neq 0$

Prüfgröße: $R_{XY} = \dfrac{\sum\limits_{i=1}^{n} R(x_i)R(y_i) - n\bar{R}^2}{\sqrt{\left(\sum\limits_{i=1}^{n} R(x_i)^2 - n\bar{R}^2\right) \cdot \left(\sum\limits_{i=1}^{n} R(y_i)^2 - n\bar{R}^2\right)}}$

$\qquad\qquad = \dfrac{374 - 302{,}5}{\sqrt{(374 - 302{,}5) \cdot (385 - 302{,}5)}}$

$\qquad\qquad = 0{,}9309493$

$\qquad T = \sqrt{n-1}\,\hat{R} = \sqrt{n-1}\,R_{XY}$

$\qquad t = \sqrt{9} \cdot 0{,}9309493 = 2{,}792848$

kritischer Wert: $z_{1-\frac{\alpha}{2}} = z_{0,975} = 1{,}6449$

Entscheidung: $|t| = 2{,}792848 > 1{,}6449 = z_{0,975} \quad \Rightarrow \quad H_0$ wird abgelehnt.

Es lässt sich ein signifikanter monotoner Zusammenhang (SN 5 %) zwischen den Restaurantkategorien und den Preisen eines Gerichtes nachweisen.

5.3.4 Regressionsanalyse

Aufgabe 3.4.1 Energiebedarf von Leistungssportlern

(a)

Hypothesen: $H_0: \rho = 0$ gegen $H_1: \rho \neq 0$

Prüfgröße: $\hat{\rho} = \dfrac{\sum\limits_{i=1}^{n} x_i y_i - n\bar{x}\bar{y}}{\sqrt{\left(\sum\limits_{i=1}^{n} x_i^2 - n\bar{x}^2\right)\left(\sum\limits_{i=1}^{n} y_i^2 - n\bar{y}^2\right)}}$

$\qquad\qquad = \dfrac{47.322{,}35}{\sqrt{896{,}6725 \cdot 3.365.355}} = 0{,}8615$

$\qquad t = \sqrt{n-2} \cdot \dfrac{\hat{\rho}}{\sqrt{1-\hat{\rho}^2}} = \sqrt{98} \cdot \dfrac{0{,}8615}{\sqrt{1-0{,}8615^2}} = 16{,}79303$

kritischer Wert: $t_{n-2;\,1-\alpha/2} = t_{98;\,0,975} < t_{90;\,0,975} = 1{,}987$

Entscheidung: $|t| = 16{,}79303 > 1{,}987 = t_{90;\,0,975} \quad \Rightarrow \quad H_0$ wird abgelehnt.

Man kann nachweisen, dass ein linearer Zusammenhang zwischen der täglichen Trainingsdauer der Athleten und dem Energiebedarf besteht.

(b)

$$y_i = \beta_0 + \beta_1 x_i + \varepsilon_i$$

$$\hat{\beta}_1 = \frac{\sum\limits_{i=1}^{n} x_i y_i - n\bar{x}\bar{y}}{\sum\limits_{i=1}^{n} x_i^2 - n\bar{x}^2} = \frac{47.322,35}{896,6725} = 52,77552$$

$$\hat{\beta}_0 = \bar{y} - \hat{\beta}\bar{x} = 2.479,632$$

$$\hat{y} = \hat{\beta}_0 + \hat{\beta}_1 x = 2.479,632 + 52,77552\, x$$

(c)

$$R^2 = \hat{\rho}^2 = 0,8615^2 = 0,7422$$

Der Zusammenhang zwischen dem Gewicht und der Weite wird gut erklärt.

(d) $x_T = 6$

$$\hat{y}_T = \hat{\beta}_0 + \hat{\beta}_1 \cdot x_T = 2.479,632 + 52,77552 \cdot 6 = 2.796,285$$

Der Athlet wird schätzungsweise einen täglichen Energiebedarf von 2.796,285 kcal haben.

(e) $x_T = 0 \Rightarrow y_T = \beta_0 + \beta_1 x_i + \varepsilon_i = \beta_0 + \varepsilon_i$

Hypothesen: H_0: $\beta_0 = 2.500$ gegen H_1: $\beta_0 \neq 2.500$

Prüfgröße: $t = \dfrac{\hat{\beta}_0 - 2.500}{\hat{\sigma}\sqrt{1 + \frac{\bar{x}^2}{s_x^2}}}\sqrt{n}$

$$= \frac{2.479,632 - 2.500}{\sqrt{8.855,199 \cdot (1 + 5,0138)}} \cdot \sqrt{100} = -0,8826$$

kritischer Wert: $t_{n-2;\,1-\alpha/2} = t_{98;\,0,995} < t_{90;\,0,995} = 2,632$

Entscheidung: $|t| = 0,8826 \not> 2,632 = t_{90;\,0,995}$ $\Rightarrow$ H_0 wird nicht abgelehnt.

Man kann nicht nachweisen, dass der Grundenergieverbrauch signifikant von 2.500 kcal abweicht.

Aufgabe 3.4.2 Osterhasen-Energiebedarf

(a)

$$y_i = \beta_0 + \beta_1 x_i + \varepsilon_i$$

$$\hat{\beta}_1 = \frac{\sum\limits_{i=1}^{n} x_i y_i - n\bar{x}\bar{y}}{\sum\limits_{i=1}^{n} x_i^2 - n\bar{x}^2} = \frac{1.266,6}{704,25} = 1,798509$$

$$\hat{\beta}_0 = \bar{y} - \hat{\beta}\bar{x} = 22,94356$$

$$\hat{y} = \hat{\beta}_0 + \hat{\beta}_1 x = 22,94356 + 1,798509\,x$$

(b)

$$R^2 = \frac{\left(\sum_{i=1}^{n} x_i y_i - n\bar{x}\bar{y}\right)^2}{\left(\sum_{i=1}^{n} x_i^2 - n\bar{x}^2\right)\left(\sum_{i=1}^{n} y_i^2 - n\bar{y}^2\right)} = 0,627$$

Der Zusammenhang zwischen dem täglichen Energiebedarf der Osterhasen und der Sprungweite wird durch ein lineares Modell (mittel-)gut erklärt.

(c) $x_T = 45$

$$\hat{y}_T = \hat{\beta}_0 + \hat{\beta}_1 \cdot x_T = 22,94356 + 1,798509 \cdot 45 = 103,8765$$

Speedy wird einen täglichen Kalorienbedarf von 103,8765 kcal haben.

(d)

$$\hat{\sigma}\sqrt{1 + \frac{1}{n}\left[1 + \frac{(x_T - \bar{x})^2}{\tilde{s}_x^2}\right]}\,t_{n-2;\,1-\alpha/2}$$

$$= 11,64134 \cdot \sqrt{1 + \frac{1}{12}\left[1 + \frac{(45 - 62,75)^2}{58,6875}\right]}\,\underbrace{t_{10,\,0,975}}_{=2,2281}$$

$$= 32,09103$$

$$\mathrm{KI}_{LD} = [\hat{y}_T - 32,09103\,,\, \hat{y}_T + 32,09103]$$
$$= [103,8765 - 32,09103\,,\, 103,8765 + 32,09103]$$
$$= [71,78547\,,\, 135,9675]$$

(e)

Hypothesen: $H_0: \beta_1 = 0$ gegen $H_1: \beta_1 \neq 0$

Prüfgröße: $t = \dfrac{\hat{\beta}_1 - 0}{\hat{\sigma}} \cdot \sqrt{\sum\limits_{i=1}^{n} x_i^2 - n\bar{x}^2}$

$= \dfrac{1{,}798.509}{\sqrt{135{,}5208}} \cdot \sqrt{704{,}25} = 4{,}099898$

kritischer Wert: $t_{n-2,1-\alpha/2} = t_{10,\,0,975} = 2{,}2281$

Entscheidung: $|t| = 4{,}099898 > 2{,}2281 = t_{10,\,0,975} \quad \Rightarrow \quad H_0$ wird abgelehnt.

Es lässt sich nachweisen, dass die durchschnittliche Sprungweite einen signifikanten Einfluss auf den Osterhasen-Energiebedarf hat.

Aufgabe 3.4.3 Regt das Fernsehprogramm auf?

(a)

Hypothesen: $H_0: \rho = 0$ gegen $H_1: \rho \neq 0$

Prüfgröße: $\hat{\rho} = \dfrac{\sum\limits_{i=1}^{n} x_i y_i - n\bar{x}\bar{y}}{\sqrt{\left(\sum\limits_{i=1}^{n} x_i^2 - n\bar{x}^2 \right) \left(\sum\limits_{i=1}^{n} y_i^2 - n\bar{y}^2 \right)}}$

$= \dfrac{4.732{,}313}{\sqrt{896{,}6725 \cdot 33.654{,}09}} = 0{,}8615$

$t = \sqrt{n-2} \cdot \dfrac{\hat{\rho}}{\sqrt{1 - \hat{\rho}^2}} = \sqrt{98} \cdot \dfrac{0{,}8615}{\sqrt{1 - 0{,}8615^2}} = 16{,}79303$

kritischer Wert: $t_{n-2;\,1-\alpha/2} = t_{98;\,0,975} < t_{90;\,0,975} = 1{,}987$

Entscheidung: $|t| = 16{,}79303 > 1{,}987 = t_{90;\,0,975} \quad \Rightarrow \quad H_0$ wird abgelehnt.

Man kann nachweisen, dass ein linearer Zusammenhang zwischen dem TV-Konsum und dem Blutdruck besteht.

(b)

$$y_i = \beta_0 + \beta_1 x_i + \varepsilon_i$$

$$\hat{\beta}_1 = \dfrac{\sum\limits_{i=1}^{n} x_i y_i - n\bar{x}\bar{y}}{\sum\limits_{i=1}^{n} x_i^2 - n\bar{x}^2} = 5{,}2776$$

$$\hat{\beta}_0 = \bar{y} - \hat{\beta}_1 \bar{x} = 97{,}9624$$

$$\hat{y} = \hat{\beta}_0 + \hat{\beta}_1 x = 97{,}9624 + 5{,}2776\,x$$

(c)

$$R^2 = \left(\frac{s_{xy}}{s_x s_y}\right)^2 = 0{,}742$$

Der Zusammenhang zwischen der Fernsehdauer und dem Blutdruck wird gut erklärt.

(d)

Hypothesen: $H_0: \beta_1 = 0$ gegen $H_1: \beta_1 \neq 0$

Prüfgröße: $t = \dfrac{\hat{\beta}_1 - 0}{\hat{\sigma}} \cdot \sqrt{\displaystyle\sum_{i=1}^{n} x_i^2 - n\bar{x}^2}$

$ = \dfrac{5{,}2776}{\sqrt{88{,}55771}} \cdot \sqrt{5.392{,}375 - 100 \cdot 6{,}705^2} = 16{,}79303$

kritischer Wert: $t_{n-2;\,1-\alpha/2} = t_{98;\,0{,}995} < t_{90;\,0{,}995} = 2{,}632\,(t_{100;\,0{,}995} = 2{,}626)$

Entscheidung: $|t| = 16{,}79 > 2{,}632 = t_{100;\,0{,}995} \quad \Rightarrow \quad H_0$ wird abgelehnt.

Man kann nachweisen, dass die Steigung der Regressionsgeraden β_1 signifikant von 0 abweicht und somit der TV-Konsum einen signifikanten Einfluss auf den Blutdruck hat.

(e) $x_T = 14$

$$\hat{y}_T = \hat{\beta}_0 + \hat{\beta}_1 \cdot x_T = 97{,}9624 + 5{,}2776 \cdot 14 = 171{,}8488$$

Sie wird schätzungsweise einen systolischen Blutdruck von $171{,}8488$ mm Hg haben.

(f) $x_T = 0 \Rightarrow y_T = \beta_0 + \beta_1 x_i + \varepsilon_i = \beta_0 + \varepsilon_i$

Hypothesen: $H_0: \beta_0 = 100$ gegen $H_1: \beta_0 \neq 100$

Prüfgröße: $t = \dfrac{\hat{\beta}_0 - 100}{\hat{\sigma}\sqrt{1 + \frac{\bar{x}^2}{\bar{s}_x^2}}} \sqrt{n}$

$ = \dfrac{97{,}9624 - 100}{\sqrt{88{,}55771 \cdot (1 + 5{,}013762)}} \cdot \sqrt{100} = -0{,}8829$

kritischer Wert: $t_{n-2;\,1-\alpha/2} = t_{98;\,0{,}995} < t_{90;\,0{,}995} = 2{,}632$

Entscheidung: $|t| = 0{,}8829 \not> 2{,}632 = t_{90;\,0{,}995} \quad \Rightarrow \quad H_0$ wird nicht abgelehnt.

Man kann nicht nachweisen, dass der Blutdruck von Personen, die kein TV schauen, signifikant von 100 mm Hg abweicht.

Aufgabe 3.4.4 Klimawandel und Kanarienvögel

(a) Die Lautstärke ist am meisten mit der Temperatur korreliert, $r_{LT} = 0{,}29$. Das Element $(1, 2)$, bzw. $(2, 1)$ in der Korrelationsmatrix ist das höchste positive Element abseits der Diagonalen (Zeile 18, 19).

(b) Die Windgeschwindigkeit scheint keinen Einfluss auf die Lautstärke zu haben – der entsprechende partielle t-Test hat einen p-Wert größer als 10 % (0,95392).

(c) $t = \frac{\beta_1 - 0}{\hat{\sigma}_{\beta_1}} = \frac{1{,}43496}{0{,}44068} = 3{,}25624$

(d)

$$\text{Hypothesen:} \quad H_0\colon \mu_\varepsilon = 0 \quad \text{gegen} \quad H_1\colon \mu_\varepsilon \neq 0$$

$$\text{Entscheidung:} \quad p\text{-Wert} = 1 \not< 0{,}01 = \alpha \quad \Rightarrow \quad H_0 \text{ wird nicht abgelehnt.}$$

(e) Es lässt sich nicht nachweisen, dass die Annahme verletzt wurde, dass der Erwartungswert der Residuen gleich 0 ist.

(f) F-Test zum Varianzvergleich

$$\text{Hypothesen:} \quad H_0\colon \sigma_\varepsilon^2 \leq \sigma_L^2 \quad \text{gegen} \quad H_1\colon \sigma_\varepsilon^2 > \sigma_L^2$$

(g) $\text{AIC}_1 > \text{AIC}_2 \Rightarrow$ Modell `MLR2` beschreibt die Daten besser.

(h) Der Stichprobenumfang beträgt 100. Die Freiheitsgrade $n - 1$ im einseitigen t-Test betragen $99 \Leftrightarrow n = 100$ (Zeile 53)

(i) `?t.test` ruft die Hilfe für die Funktion `t.test` auf.

(j) `Zwitschern[1,]`

(k) `mean(Zwitschern[,1])`

(l) `hist(Zwitschern[,4])`

5.4 Lösungen zu Kap. 4

5.4.1 Verschiedene Aufgaben aller Gebiete

Aufgabe 4.1.1 Wartezeiten

(a)

$$F(w) = 1 - e^{-\lambda w}(1 + \lambda w)$$

$$f(w) = \frac{dF}{dw}$$

$$= \lambda e^{-\lambda w}(1 + \lambda w) - \lambda e^{-\lambda w}$$

$$= e^{-\lambda w}(\lambda(1 + \lambda w) - \lambda)$$

$$= \lambda^2 w e^{-\lambda w}$$

(b) i. $P(W > 5) = 1 - F(5) = 1 - (1 - e^{-5}(1 + 5)) = 0{,}0404$

    ii. $P(1 < W < 3) = F(3) - F(1) = -4e^{-3} + 2e^{-1} = 0{,}5366$

    iii. $P(W = 7) = 0$

(c)

$$E(W^{-1}) = \int_{-\infty}^{\infty} \frac{1}{w} f(w) dw$$

$$= \int_{0}^{\infty} \lambda^2 e^{-\lambda w} dw$$

$$= \lambda^2 \left[-\frac{1}{\lambda} e^{-\lambda w} \right]_0^{\infty}$$

$$= \lambda^2 \left\{ \lim_{w \to \infty} -\frac{1}{\lambda} e^{-\lambda w} + \frac{1}{\lambda} e^0 \right\}$$

$$= \begin{cases} \infty & \text{für } \lambda < 0 \\ 0 & \text{für } \lambda = 0 \\ \lambda & \text{für } \lambda > 0 \end{cases}$$

Für $\lambda < 0$ existiert der Erwartungswert von W^{-1} nicht.

Aufgabe 4.1.2 Zufallsgröße(n)

(a) TSCHEBYSCHEFF-UNGLEICHUNG: $\quad X \sim F(500, 100)$

$$P(|X - 500| < 25) \geq 1 - \frac{100}{25^2} = 0{,}84$$

(b) ZENTRALER GRENZWERTSATZ:

$$P\left(\sum_{i=1}^{60} X_i \geq 30.030 \right) = P\left(\frac{1}{60} \sum_{i=1}^{60} X_i \geq \frac{30.030}{60} \right) = 1 - P\left(\bar{X} < 500{,}5 \right)$$

$$= 1 - P\left(\frac{\bar{X} - \mu}{\sigma} \sqrt{n} < \frac{500{,}5 - \mu}{\sigma} \sqrt{n} \right)$$

$$= 1 - P\left(\frac{\bar{X} - 500}{\sqrt{100}} \sqrt{60} < \frac{500{,}5 - 500}{\sqrt{100}} \sqrt{60} \right)$$

$$\approx 1 - \Phi(0{,}39) = 1 - 0{,}6517 = 0{,}3483$$

(c) $X \sim \mathcal{N}(500, 100)$

$$P(475 < X < 525) = P(X < 525) - P(X < 475)$$

$$= P\left(\frac{X - 500}{10} \leq \frac{525 - 500}{10} \right) - P\left(\frac{X - 500}{2} \leq \frac{475 - 500}{10} \right)$$

$$= \Phi(2{,}5) - \Phi(-2{,}5) = 2\Phi(2{,}5) - 1$$

$$= 2 \cdot 0{,}9938 - 1 = 0{,}9876$$

(d)

$$\text{Hypothesen:} \quad H_0: \mu = \mu_0 = 502 \quad \text{gegen} \quad H_1: \mu \neq \mu_0 = 502$$

$$\text{Prüfgröße:} \quad t = \frac{\bar{x} - \mu_0}{s} \cdot \sqrt{n} = \frac{500{,}2 - 502}{\sqrt{153{,}76}} \cdot \sqrt{100} = -1{,}451613$$

$$\text{kritischer Wert:} \quad t_{n-1,1-\alpha/2} = t_{99,\,0{,}975} < t_{90,\,0{,}975} = 1{,}987$$

$$\text{Entscheidung:} \quad |t| = 1{,}4516 < 1{,}987 = t_{90,\,0{,}975} \quad \Rightarrow \quad H_0 \text{ wird nicht abgelehnt.}$$

Es lässt sich nicht nachweisen, dass der Erwartungswert signifikant von 502 verschieden ist.

(e) $\sigma_X^2 = 100$, $\sigma_Y^2 = 200$, $n_X = 100$, $\bar{x} = 500{,}2$, $n_Y = 30$, $\bar{y} = 504$.

$$\text{Hypothesen:} \quad H_0: \mu_X \leq \mu_Y \quad \text{vs} \quad H_1: \mu_X > \mu_Y$$

$$\text{Testgröße:} \quad t = \frac{\bar{x} - \bar{y}}{\sqrt{\sigma_X^2/n_X + \sigma_Y^2/n_Y}} = \frac{500{,}2 - 493}{\sqrt{100/100 + 200/30}} = 2{,}600334$$

$$\text{kritischer Wert:} \quad z_{1-\alpha} = z_{0{,}99} = 2{,}326$$

$$\text{Entscheidung:} \quad t > z_{1-\alpha} \quad \Rightarrow \quad H_0 \text{ wird } abgelehnt.$$

Zu einem Signifikanzniveau von $\alpha = 0{,}01$ lässt sich nachweisen, dass $\mu_X > \mu_Y$ ist.

(f) Der p-Wert gibt an, wie wahrscheinlich die H_0 unter der in (a) gegeben Stichprobe ist.

$$\Phi(2{,}60) = 0{,}9953$$

$$\Longleftrightarrow p - \text{Wert} = 0{,}0047 = 1 - 0{,}9953$$

Die Nullhypothese kann zu einem Mindest-Signifikanzniveau von $0{,}5\,\%$ abgelehnt werden.

Aufgabe 4.1.3 Frühstück bei Paul

(a)

$$\bar{x} = \frac{1}{n} \sum_{i=1}^{n} x_i = \frac{1}{14} \cdot 3.872 = 276{,}571$$

$$\tilde{s}_x^2 = \frac{1}{n} \sum_{i=1}^{n} x_i^2 - \bar{x}^2 = \frac{1}{14} \cdot 1.413.648 - 276{,}571^2 = 24.483{,}1$$

(b)

j	$n\left(K_j^X\right)$	m_j
1	9	175
2	5	475

$$x_K = \frac{1}{n} \sum_{j=1}^{k} m_i \cdot n\left(K_j^X\right) = \frac{1}{14} \sum_{j=1}^{2} m_i \cdot n\left(K_j^X\right) = 282{,}143$$

(c) $y_{(14)} - y_{(1)} = 1.000 - 100 = 900$

(d)

$$\widehat{F}(y) = \begin{cases} 0 & \text{für } y < 100 \\ 0{,}143 & \text{für } 100 \le y < 250 \\ 0{,}429 & \text{für } 250 \le y < 500 \\ 0{,}857 & \text{für } 500 \le y < 1.000 \\ 1 & \text{für } y \ge 1.000 \end{cases}$$

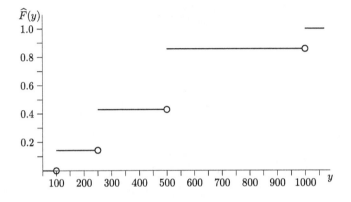

(e)

$X \backslash Z$	1	0	$n_i.$
K_1	6	3	9
K_2	2	3	5
$n._j$	8	6	14

Z ist nominalskaliert $\rightarrow$ Pearson'scher Kontigenzkoeffizient

$$\chi^2 = n \left(\sum_{i=1}^{2} \sum_{j=1}^{2} \frac{n_{ij}^2}{n_i. n._j} - 1 \right) = 14 \cdot \left(1{,}0\bar{6} - 1 \right) = 0{,}9\bar{3}$$

$$C = \sqrt{\frac{\chi^2}{\chi^2 + n}} = 0{,}25$$

$$C_{\max} = \sqrt{\frac{\min\{k, l\} - 1}{\min\{k, l\}}} = \sqrt{\frac{1}{2}}$$

$$C_{\text{korr}} = \frac{0{,}25}{\sqrt{\frac{1}{2}}} = 0{,}354$$

$\Rightarrow$ Zwischen der Region und Entgeltklasse besteht ein schwacher Zusammenhang.

Aufgabe 4.1.4 Kirschkernweitspucken unter Matrosen

(a)

$$\bar{x} = \frac{1}{n} \sum_{i=1}^{n} x_i = \frac{1}{7} \cdot 224{,}4 = 32{,}057$$

$$s_x^2 = \frac{1}{n-1} \sum_{i=1}^{n} x_i^2 - \frac{n}{n-1}\bar{x}^2 = \frac{1}{6} \cdot 9.806{,}16 - \frac{7}{6}32{,}057^2 = 435{,}4229$$

$$s_x = 20{,}867$$

(b) X – stetig + metrisch skaliert

Y – stetig + metrisch skaliert

(c) $y_{(i)}$ 0,00 2,04 13,88 19,36 20,71 21,75 24,46

$$y_{(1)} = 0{,}00$$

$$\tilde{y}_{0,25} = x_{(2)} = 2{,}04$$

$$\tilde{y}_{0,5} = x_{(4)} = 19{,}36$$

$$\tilde{y}_{0,75} = x_{(6)} = 21{,}75$$

$$y_{(7)} = 24{,}46$$

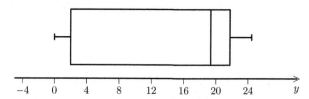

(d)

$y_{(i)}$	0,00	2,04	13,88	19,36	20,71	21,75	24,46
$d_i = \left| x_{(i)} - \tilde{x}_{0,5} \right|$	19,36	17,32	5,48	0,00	1,35	2,39	5,10
$d_{(i)}$	0,00	1,35	2,39	5,10	5,48	17,32	19,36

$$\text{MAD} = d_{(4)} = 5{,}10$$

(e)

$$r_{XY} = \frac{\sum\limits_{i=1}^{n} x_i y_i - n\bar{x}\,\bar{y}}{\sqrt{\left(\sum\limits_{i=1}^{n} x_i^2 - n\bar{x}^2\right)\left(\sum\limits_{i=1}^{n} y_i^2 - n\bar{y}^2\right)}}$$

$$= \frac{2.110{,}101 - 7 \cdot 32{,}057 \cdot 14{,}6}{\sqrt{(9.806{,}16 - 7 \cdot 32{,}057^2)\,(2.071{,}884 - 7 \cdot 14{,}6^2)}}$$

$$= -0{,}94753$$

Zwischen der erzielten Weite und der Windgeschwindigkeit besteht ein sehr starker, negativer, linearer Zusammenhang.

Aufgabe 4.1.5 Cholesterinspiegelsenkung

(a)
$$H_0\colon \sigma_X^2 = \sigma_Y^2 \quad \text{gegen} \quad H_1\colon \sigma_X^2 \neq \sigma_Y^2$$

(b) $I = [0{,}4489, 1]$. Ein Signifikanzniveau $\alpha \geq 0{,}4489$ ist nicht sinnvoll, da der maximale Fehler 1. Art größer als 44 % sein kann. α sollte kleiner als 10 % gewählt werden.

(c) Zweistichprobentest bei verbundenen Stichproben bezüglich Erwartungswert $\rightsquigarrow$ verbundener t-Test

(d)
$$H_0\colon \mu_X \leq \mu_Y \quad \text{gegen} \quad H_1\colon \mu_X > \mu_Y$$

Es soll gezeigt werden, dass der Cholesterinspiegel gesunken ist. Diese Aussage muss in der Alternativhypothese formuliert sein.

(e) $\bar{D} = 5{,}9$

(f)
$$T = \sqrt{n} \cdot \frac{\bar{D}}{\sqrt{\frac{1}{n-1}\sum\limits_{i=1}^{n}\left(D_i - \bar{D}\right)^2}}$$

$$\sum_{i=1}^{n}\left(D_i - \bar{D}\right)^2 = \sum_{i=1}^{n}\left(D_i^2 - 2D_i\bar{D} + \bar{D}^2\right) = \sum_{i=1}^{n}\left(D_i^2 - 2D_i\bar{D} + \bar{D}^2\right)$$

$$= \sum_{i=1}^{n} D_i^2 - 2n\bar{D}^2 + n\bar{D}^2 = \sum_{i=1}^{n} D_i^2 - n\bar{D}^2$$

$$T = \sqrt{n} \cdot \frac{\bar{D}}{\sqrt{\frac{1}{n-1}\left(\sum\limits_{i=1}^{n} D_i^2 - n\bar{D}^2\right)}}$$

$$t = \sqrt{10} \cdot \frac{-5,9}{\sqrt{129,66}} = -1,639$$

(g)

$$-t_{n-1;\,1-\alpha} = -t_{9;\,0,9} = -1,383$$

(h)

$$t = -1,639 < -1,383 = -t_{9;\,0,99} \rightsquigarrow H_0 \text{ wird abgelehnt}$$

Anhand der vorliegenden Daten kann man nachweisen, dass die Therapie zu einer Senkung des Cholesterinspiegels führt.

(i)

$$H_0\colon \mu_X \leq \mu_Y \quad \text{gegen} \quad H_1\colon \mu_X > \mu_Y$$
$$\Leftrightarrow$$
$$H_0\colon \mu_X - \mu_Y \leq 0 \quad \text{gegen} \quad H_1\colon \mu_X - \mu_Y > 0$$

Da $0 \notin \text{KI}_{0,9}$ kann die Nullhypothese abgelehnt werden. Zum Signifikanzniveau von $\alpha = 0,1$ lässt sich somit ein positiver Effekt der Behandlung feststellen.

(j) ☒ Die Nullhypothese lässt sich auch zu einem Signifikanzniveau von $\alpha = 0,1$ ablehnen.

Wenn ja, Begründung:

Da der Test zu einem Signifikanzniveau von $\alpha = 0,05$ abgelehnt werden konnte, beträgt der maximale Fehler 1. Art 5 %. Da $0,1 > 0,05$ lässt sich die Nullhypothese auch zum SN-Niveau von $\alpha = 0,1$ ablehnen.

Aufgabe 4.1.6 Wiederholung – Portfolio

(a) $R_P \sim N\left(\omega \cdot \mu_1 + (1-\omega) \cdot \mu_2, \omega^2\sigma_1^2 + (1-\omega)^2\sigma_2^2 + 2\omega(1-\omega)\sigma_1\sigma_2\rho\right)$

(b) ☒ Der Erwartungswert $\mu = (\mu_1, \mu_2)$ ist $(0,0)$.
☒ Es ist die Dichtefunktion einer zweidimensionalen Zufallsvariable dargestellt.
☒ Die Korrelation ρ der Zufallsvariablen ist größer als 0.

(c)

$$\text{Testproblem:} \quad H_0\colon \rho = 0 \quad \text{gegen} \quad H_1\colon \rho \neq 0.$$

$$\text{Prüfgröße:} \quad t = \sqrt{23}\,\frac{0,46168}{\sqrt{1 - 0,46168^2}} = 2,496;$$

$$\text{kritischer Wert:} \quad t_{23;\,0,975} = 2,069;$$

$$\text{Testentscheidung:} \quad t > 2,069 \quad \rightsquigarrow \quad H_0 \text{ ablehnen.}$$

(d)

$$f_{R_1,R_2}(r_1,r_2) \neq \frac{1}{2\pi} \exp\left(-\frac{r_1^2 + r_2^2}{2}\right) \quad \text{für } \rho \neq 0$$

$$= \frac{1}{\sqrt{2\pi}} \exp\left(-\frac{r_1^2}{2}\right) \cdot \frac{1}{\sqrt{2\pi}} \exp\left(-\frac{r_2^2}{2}\right)$$

$$= f_{R_1}(r_1) \cdot f_{R_2}(r_2)$$

$\Rightarrow$ R_1 und R_2 sind somit nicht unabhängig

(e)

$$f_{R_1|R_2}(r_1|r_2) = \frac{\frac{1}{2\pi} \exp\left(-\frac{r_1^2 + r_2^2}{2}\right)}{\frac{1}{\sqrt{2\pi}} \exp\left(-\frac{r_2^2}{2}\right)}$$

$$= \frac{1}{\sqrt{2\pi}} \exp\left(-\frac{r_1^2}{2}\right)$$

(f) $E(R_2) = 0$
 $\mathrm{Var}(R_2) = 1$

Aufgabe 4.1.7 Blitzer
Gegeben:

$\bar{x} = 718\,\mathrm{ms}$
$s^2 = 534\,\mathrm{ms}^2$
$X - \text{„Reaktionszeit"}$
$X \sim N(\mu, \sigma^2)$

(a)

Hypothesen: H_0: $\mu \geq 730\,\mathrm{ms}$ gegen H_1: $\mu < 730\,\mathrm{ms}$

Prüfgröße: $T = \dfrac{\bar{X} - \mu_0}{S} \sqrt{n}$

$$t = \frac{718 - 730}{23{,}1084} \sqrt{20}$$

$$= -2{,}3223$$

kritischer Wert: $-t_{n-1,1-\alpha} = -t_{19,0{,}95} = -1{,}729$

Entscheidung: $t = -2{,}3223 < -1{,}729 = -t_{19,0{,}95}$ $\Rightarrow$ H_0 wird abgelehnt.

Zu einem SN von 95 % kann statistisch bewiesen werden, dass die Reaktionszeit unter 730 ms liegt.

(b)

$$P(\text{„Nullhypothese ablehnen"} \,|\, \mu = \mu_1)$$

$$\mu_1 = 726\,\text{ms}$$

$$P_{\mu_1}\left(t < -z_{0,95}\right) = P_{\mu_1}\left(\frac{\bar{x} - \mu_0}{\sigma}\sqrt{n} < -z_{0,95}\right)$$

$$= P_{\mu_1}\left(\bar{x} < \frac{-z_{0,95} \cdot \sigma}{\sqrt{n}} + \mu_0\right)$$

$$= P_{\mu_1}\left(\frac{\bar{x} - \mu_1}{\sigma}\sqrt{n} < -z_{0,95} + \frac{\mu_0 - \mu_1}{\sigma}\sqrt{n}\right)$$

$$= \Phi\left(-1{,}6449 + \frac{730 - 726}{23{,}4520}\sqrt{20}\right)$$

$$= \Phi(-0{,}88)$$

$$= 1 - \Phi(0{,}88)$$

$$= 0{,}1894$$

Die Nullhypothese wäre mit einer Wahrscheinlichkeit von 18,94 % *zurecht* abgelehnt worden.

5.4.2   Probeklausur I – Konzern der Wichtel

Aufgabe 4.2.1 CFW Conrad

(a)

$$\hat{\rho} = \frac{\sum\limits_{i=1}^{n} x_i y_i - n\bar{x}\bar{y}}{\sqrt{\left(\sum\limits_{i=1}^{n} x_i^2 - n\bar{x}^2\right)\left(\sum\limits_{i=1}^{n} y_i^2 - n\bar{y}^2\right)}} = \frac{42.701{,}36}{\sqrt{3.624.708 \cdot 1.517{,}091}} = 0{,}5758$$

Hypothesen: $H_0\colon \rho \leq 0$ gegen $H_1\colon \rho > 0$

Prüfgröße: $\hat{\rho} = 0{,}5758$

$$t = \sqrt{n-2} \cdot \frac{\hat{\rho}}{\sqrt{1 - \hat{\rho}^2}} = \sqrt{13} \cdot \frac{0{,}5758}{\sqrt{1 - 0{,}5758^2}} = 2{,}539262$$

kritischer Wert: $t_{n-2;\,1-\alpha} = t_{13;\,0{,}990} = 2{,}650$

Entscheidung: $t = 2{,}539 < 2{,}650 = t_{13;\,0{,}990}$ $\Rightarrow$ H_0 wird nicht abgelehnt.

Man kann nicht nachweisen, dass ein positiver linearer Zusammenhang zwischen der Anzahl der braven Kinder und dem Budget des Nikolaus besteht.

(b)

$$y_i = \beta_0 + \beta_1 x_i + \varepsilon_i$$

$$\hat{\beta}_1 = \frac{\sum_{i=1}^{n} x_i y_i - n\bar{x}\bar{y}}{\sum_{i=1}^{n} x_i^2 - n\bar{x}^2} = \frac{42.701,36}{3.624.708} = 0,01178$$

$$\hat{\beta}_0 = \bar{y} - \hat{\beta}\bar{x} = 8,7708$$

$$\hat{y} = \hat{\beta}_0 + \hat{\beta}_1 x = 8,7708 + 0,01178\, x$$

(c)

$$R^2 = \hat{\rho}^2 = 0,5758^2 = 0,3315$$

Der Zusammenhang zwischen dem Budget und der Anzahl der Kinder wird nicht gut erklärt.

(d) $x_T = 500$

$$\hat{y}_T = \hat{\beta}_0 + \hat{\beta}_1 \cdot x_T = 8,7708 + 0,01178 \cdot 500 = 14,6608$$

Das Gesamtbudget in diesem Jahr wird voraussichtlich 14.660,08 Euro betragen.

(e)

Hypothesen: $\quad H_0: \beta_1 = 0 \quad$ gegen $\quad H_1: \beta_1 \neq 0$

Prüfgröße: $\quad t = \dfrac{\hat{\beta}_1 - 0}{\hat{\sigma}} \cdot \sqrt{\sum_{i=1}^{n} x_i^2 - n\bar{x}^2}$

$$= \frac{0,01178}{\sqrt{78,00325}} \cdot \sqrt{3.624.708} = 2,545$$

kritischer Wert: $\quad t_{n-2;\, 1-\alpha/2} = t_{13;\, 0,975} = 2,160$

Entscheidung: $\quad |t| = 2,545 > 2,160 = t_{13;\, 0,975} \quad \Rightarrow \quad H_0$ wird abgelehnt.

Es lässt sich nachweisen, dass die Anzahl der Kinder einen signifikanten Einfluss auf das Gesamtbudget hat.

Aufgabe 4.2.2 Beladung eines Schlittens

		Schlitten (Y)		
		rot	weiß	
Geschenke	S	20 (30)	40 (30)	60
(X)	M	30 (20)	10 (20)	40
		50	50	100

Hypothesen: H_0: X, Y unabhängig   gegen H_1: X, Y abhängig

Prüfgröße: $\chi^2 = n \cdot \left(\displaystyle\sum_{i=1}^{k} \sum_{j=1}^{l} \frac{n_{ij}^2}{n_{i\cdot} \cdot n_{\cdot j}} - 1 \right)$

$$= 100 \cdot \left(\frac{20^2}{60 \cdot 50} + \frac{40^2}{60 \cdot 50} + \frac{30^2}{40 \cdot 50} + \frac{10^2}{40 \cdot 50} - 1 \right)$$

$$= 16{,}66$$

kritischer Wert: $\chi^2_{(k-1)(l-1);\, 1-\alpha} = \chi^2_{1;\, 0{,}95} = 3{,}841$

Entscheidung: $\chi^2 = 16{,}66 > 3{,}841 = \chi^2_{1;\, 0{,}95} \quad \Rightarrow \quad H_0$ wird abgelehnt.

Es lässt sich nachweisen, dass ein Zusammenhang zwischen der Farbe des Schlittens und der Größe der Geschenke besteht.

Aufgabe 4.2.3 Mathewichtel

$$\mathcal{L}_\lambda(x_1, \ldots, x_n) = \prod_{i=1}^{n} f_\lambda(x_i) = \prod_{i=1}^{n} \frac{\lambda^{x_i}}{x_i!} e^{-\lambda} = e^{-n\lambda} \prod_{i=1}^{n} \frac{\lambda^{x_i}}{x_i!}$$

$$\ln \mathcal{L}_\lambda(x_1, \ldots, x_n) = \sum_{i=1}^{n} \ln\left[f_\lambda(x_i) \right] = -n\lambda + \ln \lambda \sum_{i=1}^{n} x_i - \sum_{i=1}^{n} \ln x_i! \longrightarrow \max_\lambda$$

$$\frac{\partial}{\partial \lambda} \ln \mathcal{L}_\lambda(x_1, \ldots, x_n) = -n + \frac{\sum_{i=1}^{n} x_i}{\lambda} = 0 \quad \Leftrightarrow \quad \hat{\lambda} = \frac{1}{n} \sum_{i=1}^{n} x_i = \bar{x}$$

$$\frac{\partial^2}{(\partial \lambda)^2} \ln \mathcal{L}_\lambda(x_1, \ldots, x_n) = -\frac{\sum_{i=1}^{n} x_i}{\lambda^2} < 0 \quad \leadsto \quad \text{Maximum}$$

Aufgabe 4.2.4 Schuhvolumen

(a) TSCHEBYSCHEFF-UNGLEICHUNG: $X \sim F(500, 100)$

$$P\left(|X - 500| < 25 \right) \geq 1 - \frac{100}{25^2} = 0{,}84$$

(b) $X \sim \mathcal{N}(500, 100)$

$$P(475 < X < 525) = P(X < 525) - P(X < 475)$$

$$= P\left(\frac{X - 500}{10} \leq \frac{525 - 500}{10} \right) - P\left(\frac{X - 500}{2} \leq \frac{475 - 500}{10} \right)$$

$$= \Phi(2{,}5) - \Phi(-2{,}5) = 2\,\Phi(2{,}5) - 1$$

$$= 2 \cdot 0{,}9938 - 1 = 0{,}9966$$

(c) Zentraler Grenzwertsatz:

$$P\left(\sum_{i=1}^{500} X_i \le 250.250\right) = P\left(\frac{1}{500}\sum_{i=1}^{500} X_i \le \frac{250.250}{500}\right) = P\left(\bar{X} \le 500{,}5\right)$$

$$= P\left(\frac{\bar{X}-\mu}{\sigma}\sqrt{n} < \frac{500{,}5-\mu}{\sigma}\sqrt{n}\right)$$

$$= P\left(\frac{\bar{X}-500}{\sqrt{100}}\sqrt{500} < \frac{500{,}5-500}{\sqrt{100}}\sqrt{500}\right)$$

$$\approx \Phi(1{,}12) = 0{,}8665$$

(d) (n groß $\rightsquigarrow$ ZGWS, ansonsten $t_{n-1,1-\frac{\alpha}{2}}$ nutzen)

$$\text{KI}_{\text{approx.}}(\mu) = \left[\bar{x} - \frac{s}{\sqrt{n}}z_{1-\frac{\alpha}{2}}\ ,\ \bar{x} + \frac{s}{\sqrt{n}}z_{1-\frac{\alpha}{2}}\right]$$

$$= \left[500{,}2 - \frac{12{,}4}{\sqrt{100}}1{,}96\ ,\ 500{,}2 + \frac{12{,}4}{\sqrt{100}}1{,}96\right]$$

$$= [497{,}77\ ,\ 502{,}63]$$

(e)
$$\mu_0 = 502 \in \text{KI}_{\text{approx.}}(\mu) \quad \Rightarrow H_0 \text{ nicht ablehnen.}$$

(f) $\mu = 500, \sigma^2 = 100$

$$P_\mu(\text{,,}H_0\text{ ablehnen''}) = P_\mu\left(T > z_{1-\alpha}\right) = P_\mu\left(\frac{\bar{X}-\mu_0}{\sigma}\sqrt{n} > z_{1-\alpha}\right)$$

$$= P_\mu\left(\bar{X} > \frac{\sigma}{\sqrt{n}}z_{1-\alpha} + \mu_0\right)$$

$$= P_\mu\left(\frac{\bar{X}-\mu}{\sigma}\sqrt{n} > z_{1-\alpha} + \frac{\mu_0-\mu}{\sigma}\sqrt{n}\right)$$

$$= 1 - \Phi\left(z_{1-\alpha} + \frac{\mu_0-\mu}{\sigma}\sqrt{n}\right)$$

$$= 1 - \Phi\left(1{,}6449 + \frac{502-500}{\sqrt{100}}\sqrt{100}\right)$$

$$= 1 - \Phi(3{,}64)$$

$$= 0{,}0001$$

Es handelt sich um die Wahrscheinlichkeit für den Fehler 1. Art.

Aufgabe 4.2.5 Geschenkeverteilung

(a) $\bar{x}_2 = 4.289$

(b) Einfach-lineare Regression.

(c) 1,815

(d)

$$\text{Hypothesen:} \quad H_0: \beta_2 = 0 \quad \text{gegen} \quad H_1: \beta_2 \neq 0$$
$$\text{Entscheidung} \quad \Rightarrow H_0 \text{ nicht ablehnen.}$$

(e) Es lässt sich kein signifikanter Einfluss des Einkommens der Eltern auf die Zeit feststellen, die zum Verteilen aller Geschenke benötigt wird.

(f) $\alpha > 0{,}862$

(g) Das Modell LR2 ist das bessere Modell, da es das kleinere Bayes'sche Informationskriterium aufweist.

(h) dnorm – Dichtefunktion der Normalverteilung,

pnorm – Verteilungsfunktion der Normalverteilung,

qnorm – inverse Verteilungsfunktion (Quantilsfunktion) der Normalverteilung,

rnorm – Zufallszahlengenerator der Normalverteilung

(i) Nikolaus[,1]

(j) hist()

Aufgabe 4.2.6 Wert von Geschenken

(a)

$$\text{Hypothesen:} \quad H_0: \mu_J = \mu_M \quad \text{gegen} \quad H_1: \mu_J \neq \mu_M$$

(b)

$$\text{Prüfgröße:} \quad t = \frac{21{,}00 - 21{,}05}{\sqrt{0{,}4333^2 \left(\frac{1}{20} + \frac{1}{30}\right)}} = -0{,}3997$$
$$\text{kritischer Wert:} \quad t_{48;\,0,975} \approx t_{45;\,0,975} = 2{,}014;$$
$$\text{Testentscheidung:} \quad |t| < 2{,}014 \quad \rightsquigarrow \quad H_0 \quad \text{nicht ablehnen.}$$

Es lässt sich kein signifikanter Unterschied feststellen.

(c) Welch-Test

(d) Bei Zweistichprobentest aus Aufgabenteil (a) wird angenommen, dass sämtliche Variablen X_{ij}, $j = 1, \ldots, n_i$, $i = 1, 2$ unabhängig seien. Das ist in diesem Fall nicht erfüllt, da 2014 und 2015 jeweils dieselben Personen untersucht wurden.

(e) Zweistichprobentest bei verbundenen Stichproben

(f) ⊠ Die Nullhypothese lässt sich auch zu einem Signifikanzniveau von $\alpha = 0{,}1$ ablehnen.

Wenn ja, Begründung:

Da der Test zu einem Signifikanzniveau von $\alpha = 0{,}05$ abgelehnt werden konnte, beträgt der maximale Fehler 1. Art 5 %. Da $0{,}1 > 0{,}05$ lässt sich die Nullhypothese auch zum SN-Niveau von $\alpha = 0{,}1$ ablehnen.

(g)

$$X_1 - X_2 \sim N(\mu_1 - \mu_2, \sigma_1^2 + \sigma_2^2 - 2\,\mathrm{Cov}(X_1, X_2))$$

5.4.3 Probeklausur II – Hänsel und Gretel

Aufgabe 4.3.1

(a) Pearson'scher Korrelationskoeffizient

$$r_{XY} = \hat{\mathrm{Corr}}(X, Y) = \frac{\sum_{i=1}^{n} x_i y_i - n\bar{x}\bar{y}}{\sqrt{\left(\sum_{i=1}^{n} x_i^2 - n\bar{x}^2\right)\left(\sum_{i=1}^{n} y_i^2 - n\bar{y}^2\right)}}$$

$$= 0{,}4550592$$

Zwischen dem Bic-Mac-Index und der Entfernung zum Märchenland besteht ein mittlerer linearer Zusammenhang.

(b)

$$\hat{\beta}_1 = \frac{\sum_{i=1}^{n} x_i y_i - n\bar{x}\bar{y}}{\sum_{i=1}^{n} x_i^2 - n\bar{x}^2} = \frac{28{,}39102}{136{,}9195} = 0{,}207$$

$$\hat{\beta}_0 = \bar{y} - \hat{\beta}_1 \cdot \bar{x} = 2{,}046$$

$$\hat{y} = \hat{\beta}_0 + \hat{\beta}_1 x = 2{,}046 + 0{,}207 \cdot x$$

(c)

$$R^2 = r_{XY}^2$$

$$= \frac{\left(\sum_{i=1}^{n} x_i y_i - n\bar{x}\bar{y}\right)^2}{\left(\sum_{i=1}^{n} x_i^2 - n\bar{x}^2\right)\left(\sum_{i=1}^{n} y_i^2 - n\bar{y}^2\right)}$$

$$= \frac{2.519{,}02^2}{2.012{,}9 \cdot 3.164{,}956} = 0{,}2071$$

Der Zusammenhang zwischen der Entfernung zum Märchenland und dem Bic-Mac-Index wird nur schwach durch das Modell erklärt.

(d)

$$\text{Hypothesen:} \quad H_0: \beta_1 = 0 \quad \text{gegen} \quad H_1: \beta_1 \neq 0$$

$$\text{Prüfgröße:} \quad t = \frac{\hat{\beta}_1 - 0}{\hat{\sigma}} \cdot \sqrt{\sum_{i=1}^{n} x_i^2 - n\bar{x}^2}$$

$$= \frac{0{,}207}{\sqrt{2{,}81774}} \cdot \sqrt{136{,}91949} = 1{,}445433$$

$$\text{kritischer Wert:} \quad t_{n-2;\,1-\alpha/2} = t_{8;0{,}975} = 2{,}306$$

$$\text{Entscheidung:} \quad |t| = 1{,}445433 < 2{,}306 = t_{8;0{,}975} \quad \Rightarrow \quad H_0 \text{ wird nicht abgelehnt.}$$

Man kann nicht nachweisen, dass die Steigung der Regressionsgeraden β_1 signifikant von 0 abweicht und somit die Entfernung vom Märchenland einen signifikanten Einfluss auf den Big-Mac-Index hat.

(e) Nein, je größer die Entfernung, desto teurer der Big Mac.

(f)

$$\hat{y}_S = \hat{\beta}_0 + \hat{\beta}_1 \cdot x_S = 2{,}046 + 0{,}207 \cdot 23{,}54 = 6{,}92$$

Der Bic Mac in Südspanien würde nach dieser Studie 6,92 \$ kosten.

Aufgabe 4.3.2

(a) X – Gewicht eines Steines in kg $X \sim \text{Exp}(\lambda = 30)$

$$P(X > 0{,}1) = 1 - F(0{,}1) = e^{-30 \cdot 0{,}1} = 0{,}04978707$$

(b) TSCHEBYSCHEFF-UNGLEICHUNG: $\text{Var}(X) = \frac{1}{\lambda^2} = \frac{1}{900}$

$$P\left(|X - \mu| < 0{,}05\right) \geq 1 - \frac{1/900}{0{,}05^2} = 1 - \frac{400}{900} = 0{,}556$$

(c) ZENTRALER GRENZWERTSATZ: $E(X) = \frac{1}{30}, \text{Var}(X) = \frac{1}{900}$

$$P\left(n\bar{X} > 3{,}8\right) = 1 - P\left(\bar{X} < \frac{3{,}8}{n}\right)$$

$$= 1 - P\left(\frac{\bar{X} - E(X)}{\sqrt{\text{Var}(X)}}\sqrt{n} < \frac{\frac{3{,}8}{n} - E(X)}{\sqrt{\text{Var}(X)}}\sqrt{n}\right)$$

$$\approx 1 - \Phi\left(30 \cdot (0{,}038 - 1/30)\sqrt{100}\right)$$

$$= 1 - \Phi(1{,}40) = 1 - 0{,}9192 = 0{,}0808$$

(d) Der approximative Test ist anwendbar, da $n > 30$.

$$\text{Hypothesen:} \quad H_0\colon \mu \geq \mu_0 = 0{,}025 \quad \text{gegen} \quad H_1\colon \mu < \mu_0 = 0{,}025$$

$$\text{Prüfgröße:} \quad t = \frac{\bar{x} - \mu_0}{\sigma} \cdot \sqrt{n} = 30 \cdot (0{,}02\bar{3} - 0{,}025) \cdot \sqrt{150} = -0{,}6123724$$

$$\text{kritischer Wert:} \quad -z_{1-\alpha} = -z_{0{,}95} = -1{,}6449$$

$$\text{Entscheidung:} \quad t = -0{,}6123724 \not< -1{,}6449 = z_{0{,}95}$$

$$\Rightarrow \quad H_0 \text{ wird nicht abgelehnt.}$$

Man kann nicht nachweisen, dass das erwartete Gewicht der Steine signifikant kleiner als 25 g ist.

(e)

$$G(\mu) = P_\mu(\text{„}H_0 \text{ ablehnen“}) = P_\mu(T < -z_{1-\alpha}) = P_\mu\left(\frac{\bar{X} - \mu_0}{\sigma} \cdot \sqrt{n} < -z_{1-\alpha}\right)$$

$$= P_\mu\left(\bar{X} < -\frac{\sigma}{\sqrt{n}} z_{1-\alpha} + \mu_0\right)$$

$$= P_\mu\left(\frac{\bar{X} - \mu}{\sigma} \cdot \sqrt{n} < -z_{1-\alpha} + \frac{\mu_0 - \mu}{\sigma} \cdot \sqrt{n}\right)$$

$$\approx \Phi\left(-z_{1-\alpha} + \frac{\mu_0 - \mu}{\sigma} \cdot \sqrt{n}\right)$$

$$P_\mu(\text{„}H_0 \text{ nicht ablehnen“} \mid \mu = 0{,}02) \approx 1 - G(\mu = 0{,}02)$$

$$= 1 - \Phi\left(\underbrace{-z_{0{,}95}}_{=-1{,}6449} + 30(0{,}025 - 0{,}02) \cdot \sqrt{150}\right)$$

$$= 1 - \Phi(0{,}19) = 1 - 0{,}5762322 = 0{,}4238$$

Das entspricht der Wahrscheinlichkeit für den Fehler 2. Art, wenn das wahre mittlere Gewicht 20 g ist.

Aufgabe 4.3.3

(a) Die Varianzen sind verschieden (der p-Wert ist sehr klein). Die Prüfgröße folgt einer FISHER-Verteilung mit den Parametern $n = 79$ und $m = 99$.

$$T \overset{\text{unter } H_0}{\sim} F_{79,99}$$

(b)

$$\text{Hypothesen:} \quad H_0\colon \mu_H \leq \mu_G \quad \text{gegen} \quad H_1\colon \mu_H > \mu_G$$

Hänsel möchte überprüfen, ob er im Mittel mehr als Gretel gelaufen ist. Also fleißiger war.

(c) Nein, die wahren Varianzen sind unbekannt. Die Stichprobenstandardabweichung wird in der Funktion `t.test` geschätzt.

(d)

$$df = \left\lfloor \frac{(1 + R)^2}{\frac{R^2}{n_1-1} + \frac{R^2}{n_2-1}} \right\rfloor$$

$$= \lfloor 102{,}183 \rfloor$$

`qt(0.99, 102)`

$$\text{kritischer Wert:} \quad t_{102,1-\alpha} \approx t_{100,1-\alpha} = 2{,}364$$

Stichprobenumfang ist genügend groß $\rightsquigarrow$ ZGWS

`qnorm(0.99)`

$$\text{kritischer Wert:} \quad z_{1-\alpha} = z_{0,99} = 2{,}3263$$

(e)

$$\text{Entscheidung:} \quad t = 1{,}3071 \not> 2{,}364 = t_{100,1-\alpha} \quad \Rightarrow \quad H_0 \text{ wird nicht abgelehnt.}$$

Hänsel kann zu einem Signifikanzniveau von $\alpha = 0{,}01$ nicht nachweisen, dass er im Mittel weiter als Gretel gelaufen ist.

(f) Der p-Wert beträgt $0{,}09706$. Hänsel muss α größer als den p-Wert wählen, um H_0 abzulehnen. Ein Signifikanzniveau von $\alpha = 0{,}1$ ist vertretbar.

(g) Hänsel manipuliert den Datensatz so, dass er von sich die längsten 50 Wege auswählt. Er erstellt eine Matrix mit den Wegenummern 1 bis 50 in der ersten Spalte, mit seinen 50 längsten Wegen in der zweiten Spalte und den ersten 50 erfassten Wegen von Gretel in der dritten Spalte.

Aufgabe 4.3.4

Test auf monotonen Zusammenhang, d. h. auf positive Korrelation (Spearman – Rangkorrelationskoeffizient):

$$R_{XY} = 1 - \frac{6 \sum_{i=1}^{n} (R(x_i) - R(y_i))^2}{n(n^2 - 1)}$$

$$= 1 - \frac{6 \cdot 17}{1.716}$$

$$= 0{,}94056$$

$$\begin{aligned}
\text{Hypothesen:} \quad & H_0 \colon R \leq 0 \quad \text{vs.} \quad H_1 \colon R > 0 \\
\text{Testgröße:} \quad & t = \hat{R} \cdot \sqrt{n-1} = 0{,}94056\sqrt{11} = 3{,}11195 \\
\text{Verteilung:} \quad & T \sim \mathcal{N}(0,1) \quad \text{approximativ unter } H_0 \\
\text{kritischer Wert:} \quad & z_{1-\alpha} = z_{0,99} = 2{,}3263 \\
\text{Entscheidung:} \quad & t > z_{1-\alpha} \quad \Rightarrow \quad H_0 \text{ wird abgelehnt.}
\end{aligned}$$

Es besteht tatsächlich ein positiver Zusammenhang zwischen der Wurstdicke und der Schmackhaftigkeit.

Aufgabe 4.3.5

$$\mathcal{L}_\lambda(x_1, \ldots, x_n) = \prod_{i=1}^{n} f_{(\lambda, k)}(x_i)$$

$$= \prod_{i=1}^{n} \lambda^k k x_i^{k-1} e^{-\lambda^k x_i^k}$$

$$= \lambda^{nk} k^n \prod_{i=1}^{n} x_i^{k-1} e^{-\lambda^k x_i^k} \xrightarrow[\lambda]{} \max$$

$$\ln \mathcal{L}_\lambda(x_1, \ldots, x_n) = nk \ln \lambda + n \ln k + (k-1) \sum_i \ln x_i - \lambda^k \sum_i x_i^k$$

$$\frac{\partial}{\partial \lambda} \ln \mathcal{L}_\lambda(x_1, \ldots, x_n) = \frac{nk}{\lambda} - k \lambda^{k-1} \sum_i x_i^k \stackrel{!}{=} 0$$

$$\frac{n}{\lambda} = \lambda^{k-1} \sum_i x_i^k$$

$$\hat{\lambda} = \sqrt[k]{\frac{n}{\sum_i x_i^k}}$$

Aufgabe 4.3.6

(a) $Y = \mathbf{X}\beta + \varepsilon$

(b) • $E(\varepsilon) = \mathbf{0}$

   • $\mathrm{Cov}(\varepsilon) = \sigma^2 \mathbf{I}$, wobei $\mathbf{I} = \mathrm{diag}(1, 1, \ldots, 1)$.

   Die erste Annahme sagt aus, dass die Störterme einen Erwartungswert von 0 haben müssen, ansonsten würde das Modell die Daten systematisch unter- oder überschätzen.

   Die zweite Annahme bedeutet im Hinblick auf die Residuen, dass diese nicht korreliert sein dürfen (alles Kovarianzen sind 0) und die Varianz für alle ε gleich ($= \sigma^2$) sein muss (Homoskedastizität).

(c) Für $i \in \{0, 1, 2\}$ sind die Hypothesen wie folgt zu formulieren:

$$\text{Hypothesen:} \quad H_0 \colon \beta_i = 0 \quad \text{gegen} \quad H_1 \colon \beta_i \neq 0.$$

(d)

$$t = \frac{\hat{\beta}_2 - 0}{\hat{\sigma}\sqrt{b_{ii}}} = \frac{0,36.411.588}{\sqrt{9,130364e-04}} = 12,05024$$

(e) Der Gesamtfehler 1. Art beträgt maximal $3\,\alpha = 0,3$.

(f)

$$\text{Prüfgröße:} \quad F = \frac{R^2}{1 - R^2} \frac{n - p - 1}{p} = \frac{0,6267}{1 - 0,6267} \frac{50 - 2 - 1}{2} = 39,45205$$

(g) R^2 wächst mit der Anzahl der Regressoren.

(h) • AIC

   • BIC

Printed by Printforce, the Netherlands